高职高专国家示范性院校"十三五"规划教材

汽车电器及项目实训

主　编　潘周光　边立健　戴本尧

副主编　童俊杰　王石磊

参　编　应小晶　祖全达　吴　俊　叶　屏

西安电子科技大学出版社

内 容 简 介

本书共分九章,内容包括蓄电池结构与维护、交流发电机结构及检修、起动机结构及检修、点火系统结构及检修、照明与信号系统组成及检修、汽车仪表与报警系统组成及检修、汽车辅助电器组成及检修、汽车电路基础知识等。本书紧密结合高职高专的教学特点,注重技能训练,突出实用性、针对性。

本书既可作为高等职业院校汽车类相关专业的教学用书,也可作为职业中专院校汽车类专业的教学用书。

图书在版编目(CIP)数据

汽车电器及项目实训/ 潘周光,边立健,戴本尧主编. —西安:西安电子科技大学出版社,2020.4
ISBN 978-7-5606-5507-9

Ⅰ.① 汽… Ⅱ.① 潘… ② 边… ③ 戴… Ⅲ.① 汽车—电气设备—高等职业教育—教材

Ⅳ.① U463.6

中国版本图书馆 CIP 数据核字(2019)第 252511 号

策划编辑　高 樱
责任编辑　王晓莉　阎 彬
出版发行　西安电子科技大学出版社(西安市太白南路 2 号)
电　话　(029)88242885　88201467　　邮　编　710071
网　址　www.xduph.com　　　　　电子邮箱　xdupfxb001@163.com
经　销　新华书店
印刷单位　西安天成印务有限公司
版　次　2020 年 4 月第 1 版　　2020 年 4 月第 1 次印刷
开　本　787 毫米×1092 毫米　1/16　印 张　11.5
字　数　268 千字
印　数　1～3000 册
定　价　26.00 元

ISBN 978-7-5606-5507-9 / U

XDUP 5809001-1
如有印装问题可调换

前　言

随着电子信息技术的快速发展和汽车制造业的不断变革，汽车产业与电子信息技术的结合度日益紧密。汽车电子技术的应用和创新极大地推动了汽车工业的进步和发展，让汽车在行驶过程中更加安全、便捷和舒适。但现代汽车的高舒适性、高安全性及高智能化等都是依靠汽车电子技术来实现的，这就使得汽车电子电器设备日益增多，各控制单元之间的信息交换越来越密集，且维修难度进一步加大，对汽车维修人员的素质要求也越来越高，即要求现代汽车电气设备维修人员既要掌握较高的汽车电子控制理论基础，又要掌握一定的维修技能。本书正是基于该情况而编写的。

本书主要介绍了汽车电源系统、起动系统、点火系统、照明与信号系统、仪表与报警系统、汽车辅助系统等的结构组成、工作原理及故障诊断方法，同时还介绍了汽车电路基本元件及汽车电路读识等内容。本书在编写过程中不仅参考了国内出版的同类教材，而且参考了国内外近几年出版的一些汽车电器方面的书籍，并对许多技术数据和诊断方法进行了更新。

本书由潘周光、边立健、戴本尧任主编，童俊杰、王石磊任副主编，其他的参编人员有应小晶、祖全达、吴俊、叶屏等。其中，第一章由景宁畲族自治县职业高级中学的童俊杰、应小晶和浙江赛格教仪科技有限公司的叶屏编写，第二章由温州职业技术学院的王石磊编写，第三章至第六章由温州职业技术学院的边立健编写，第七章由浙江工贸职业技术学院的戴本尧编写，第八章由温州职业技术学院的祖全达和云和县中等职业技术学校的吴俊编写，第九章由温州职业技术学院的潘周光编写。全书由潘周光和戴本尧统稿、定稿。

本书在编写过程中得到了许多专家和同行的热情支持，也参考了许多国内外公开出版和发表的文献，在此对相关作者、专家和同行一并表示感谢。

由于编者水平有限，书中难免有疏漏和不妥之处，恳请读者批评指正。

编　者
2019 年 10 月

目 录

第一章　汽车电器概述..................1

1.1　汽车电子控制系统的发展概况..................1

1.2　汽车电器的组成..................2

1.3　汽车电器的特点..................2

1.4　现代汽车控制系统状况..................3

第二章　蓄电池结构与维护..................6

2.1　蓄电池的结构..................6

  2.1.1　蓄电池的结构..................6

  2.1.2　蓄电池的分解与装配实践..................8

2.2　蓄电池的工作原理和工作特性..................9

  2.2.1　蓄电池的工作原理..................9

  2.2.2　蓄电池的工作特性..................11

  2.2.3　蓄电池的容量及其影响因素..................14

  2.2.4　蓄电池的型号..................15

2.3　蓄电池的使用与维护..................15

  2.3.1　蓄电池的维护..................15

  2.3.2　蓄电池的充电..................16

  2.3.3　蓄电池的充电方法..................17

思考与练习..................20

第三章　交流发电机结构及检修..................23

3.1　交流发电机的结构..................23

  3.1.1　交流发电机分类..................23

  3.1.2　交流发电机的型号..................24

  3.1.3　普通交流发电机的结构..................24

3.2　交流发电机的工作原理..................28

  3.2.1　交流发电机的工作原理..................28

  3.2.2　交流发电机的工作特性..................31

3.3　电压调节器..................33

3.3.1　电压调节器的作用..................33

3.3.2　电压调节器的分类..................33

3.3.3　电压调节器的型号..................34

3.3.4　电压调节器的工作原理..................34

3.4　交流发电机的拆装实践..................37

3.5　充电系统常见故障诊断与排除..................38

  3.5.1　外装调节器式充电系统的
故障诊断与排除..................38

  3.5.2　整体式交流发电机电源系统的
故障诊断与排除..................41

思考与练习..................43

第四章　起动机结构及检修..................45

4.1　起动机的直流电机特性..................45

  4.1.1　起动系统的组成..................45

  4.1.2　起动机的分类..................46

  4.1.3　起动机的型号..................46

  4.1.4　起动机使用的直流电动机..................47

  4.1.5　起动机使用的直流电动机的
工作原理..................50

4.2　起动机的传动与控制机构..................51

  4.2.1　起动机的传动机构..................51

  4.2.2　起动机的控制装置..................53

4.3　起动机的拆装实践..................54

  4.3.1　起动机的拆装..................54

  4.3.2　检测项目..................55

4.4　起动系统常见故障诊断与排除..................56

  4.4.1　起动机不运转的故障诊断与排除..................56

  4.4.2　起动机起动无力的故障诊断与
排除..................57

4.4.3 起动机其他故障诊断与排除......58

4.4.4 典型故障诊断与排除......59

思考与练习......59

第五章　点火系统结构及检修......61

5.1 传统点火系统......61

5.1.1 点火系统的作用与要求......61

5.1.2 传统点火系统的组成及作用......61

5.1.3 传统点火系统的工作原理......62

5.2 现代点火系统结构与原理......63

5.2.1 电子点火系统的分类......63

5.2.2 无触点普通电子点火系统的

组成和工作原理......64

5.2.3 电子点火系统的主要元件......68

5.3 点火系统常见故障诊断与排除......72

思考与练习......73

第六章　照明与信号系统组成及检修......76

6.1 照明系统......76

6.1.1 概述......76

6.1.2 前照灯的组成......77

6.1.3 前照灯的防眩目措施......78

6.1.4 前照灯的分类......80

6.1.5 前照灯的电路组成与工作原理......82

6.1.6 其他照明装置......83

6.2 信号系统......83

6.2.1 汽车转向信号灯及闪光器......83

6.2.2 制动信号装置......85

6.2.3 倒车信号装置......85

6.3 电喇叭......87

6.3.1 电喇叭......87

6.3.2 喇叭继电器......88

6.4 照明与信号系统故障诊断与排除......88

6.4.1 转向信号灯系统的典型

故障诊断与排除......88

6.4.2 喇叭的典型故障诊断与排除......89

思考与练习......90

第七章　汽车仪表与报警系统组成及检修......92

7.1 传统汽车仪表系统......92

7.1.1 传统汽车仪表的组成......92

7.1.2 机油压力表......93

7.1.3 冷却液温度表......94

7.1.4 燃油表......94

7.1.5 车速里程表......96

7.1.6 发动机转速表......98

7.2 数字仪表系统......100

7.2.1 概述......100

7.2.2 数字仪表显示器......101

7.3 报警系统......104

7.3.1 机油压力过低报警灯......104

7.3.2 燃油量不足指示灯......105

7.3.3 制动气压不足报警灯......105

7.3.4 制动液不足报警灯......106

7.3.5 冷却液温度过高报警灯......106

7.3.6 制动蹄片磨损报警灯......107

7.3.7 制动灯断线报警灯......107

7.3.8 驻车制动未松警告灯......108

7.4 仪表与报警系统的检修......108

7.4.1 汽车仪表的拆装......108

7.4.2 汽车仪表的故障诊断方法......109

7.4.3 报警系统的故障诊断方法......111

思考与练习......115

第八章　汽车辅助电器组成及检修......117

8.1 汽车风窗清洁装置......117

8.1.1 汽车风窗清洁装置的机械结构与

电机调速原理......117

8.1.2 铜环式汽车风窗清洁装置......118

8.1.3 电子控制式汽车风窗清洁装置......119

8.1.4 风窗玻璃除霜装置......123

8.2 电动车窗装置......124

8.2.1 电动车窗结构与组成 124

8.2.2 普通电动车窗的控制电路及
工作原理 126

8.2.3 自动升降电动车窗的控制电路及
工作原理 128

8.2.4 带防夹功能的电动车窗控制电路及
工作原理 129

8.3 电动天窗 130

8.3.1 电动天窗的分类与作用 130

8.3.2 电动天窗的组成 131

8.3.3 电动天窗的工作原理 133

8.4 电动座椅 134

8.4.1 普通电动座椅的作用与组成 134

8.4.2 普通电动座椅的工作原理 136

8.4.3 带记忆功能的电动座椅 137

思考与练习 138

第九章 汽车电路基础知识 140

9.1 汽车电路图 140

9.1.1 汽车电路 140

9.1.2 汽车电路图的类型 142

9.2 汽车电路基本元件 146

9.2.1 汽车电路导线 146

9.2.2 导线接头与接插器 150

9.2.3 熔断器 152

9.2.4 点火开关 153

9.2.5 继电器 155

9.2.6 中央接线盒 156

9.3 典型汽车电路图读识 160

9.3.1 大众系列汽车电路图的读识 160

9.3.2 丰田汽车电路图的读识 167

思考与练习 173

参考文献 176

第一章　汽车电器概述

1.1　汽车电子控制系统的发展概况

汽车电子控制系统是汽车技术与电子技术相结合的产物，伴随着汽车油耗法规、排放法规、安全法规等要求的提高和电子技术的进步而逐步发展起来。汽车电子技术的发展大致分为以下四个阶段。

1. 第一阶段(1953—1980 年)

汽车电子设备主要采用分立电子元件组成电子控制器，从而揭开了汽车电子时代的序幕，并由分立电子元件产品开始向集成电路(IC)产品过渡。该阶段的主要产品有二极管整流式交流发电机、电子式电压调节器、电子式点火控制器、电子式闪光器、电子式间歇刮水控制器、晶体管收音机、数字时钟等。

2. 第二阶段(1981—1990 年)

汽车电子设备广泛采用集成电路(IC)和 8 位微处理器进行控制，开始研究和开发专用的独立控制系统。该阶段的主要产品有电子燃油喷射系统、空燃比反馈控制系统、电子控制自动变速系统、防抱死制动系统、安全气囊系统、座椅安全带收紧系统、车辆防盗系统、巡航控制系统、电子控制门锁系统、车辆导航系统、超速报警系统、前照灯光束自动控制系统、自动除霜系统、车身高度自动控制系统、故障自诊断系统等。

3. 第三阶段(1991—1999 年)

汽车电子设备广泛应用 16 位或 32 位的微处理器进行控制，控制技术向智能化方向发展。该阶段的主要产品有发动机燃油喷射与点火综合控制系统、牵引力控制系统、四轮转向控制系统、轮胎气压控制系统、声音合成与识别系统、道路状态指示系统、动力最优化控制系统、通信与导航协调系统、安全驾驶监测与警告系统、自动防追尾碰撞系统及自动驾驶系统等。

4. 第四阶段(2000 年至今)

汽车车载局域网又称为汽车车载局域通信网，是指分布在汽车上的电器与电子设备在物理上互相连接，并按照网络协议相互进行通信，以共享硬件、软件和信息等资源。汽车采用网络技术的根本，一是减少汽车线束，二是实现快速通信。车载局域网(LAN)利用计算机总线技术进行数据通信和数据传输，使汽车电器与电子控制系统各控制器实现信息共享和多路集中控制，从而改变了传统的汽车电气系统的布线方式和单线制控制模式。该阶段最具有代表性的产品为博世公司制定的控制器局域网络通信协议，国际标准化组织(ISO)于 1999 年将该通信协议确定为 ISO 11898-1 串行通信协议标准，标志着汽车控制技术步入了网络通信时代。

　　汽车电子化程度的高低，已经成为当今世界衡量汽车先进水平的重要标志。目前，在工业发达国家生产的每辆汽车上，电子装置的平均成本已占整车成本的 30%～35%；而且在一些豪华轿车上，电子装置的成本甚至占整车成本的 50%以上。

1.2　汽车电器的组成

1. 电源系统

　　汽车电源系统由蓄电池和交流发电机两大部分组成，其作用是向全车用电设备供电，其中发电机是主要电源，蓄电池是辅助电源。当汽车起动时，蓄电池向起动机供电；发动机正常工作时，发电机向全车用电设备供电并同时给蓄电池充电。

2. 起动系统

　　起动系统由起动机、起动继电器及点火开关等组成，其作用是起动发动机。当发动机起动后，起动系统停止工作。

3. 点火系统

　　点火系统由点火线圈、点火控制器、点火开关及火花塞等组成，其作用是将 12 V 的低压电转化为高压电，使火花塞产生高压电火花，同时点燃汽缸内的可燃混合气体。

4. 照明和信号系统

　　照明和信号系统由车内外各种照明灯及表示行车信号的灯具组成，为汽车安全行驶提供必要的照明和信号。

5. 仪表和报警系统

　　仪表系统包括发动机转速表、车速里程表、燃油表、水温表、机油压力表等。报警系统包括各种报警指示灯及控制器。仪表和报警系统的作用是检测并指示汽车工况及汽车性能状况信息。

6. 辅助电器系统

　　辅助电器系统包括电动雨刮器、风窗洗涤器、空调、中控门锁、电动车窗及电动座椅等，其作用是提高车辆的安全性、舒适性和经济性。

7. 电子控制装置

　　电子控制装置由电子控制燃油喷射装置、巡航控制系统、自动变速器及防抱死制动装置等组成。

1.3　汽车电器的特点

1. 单线制

　　单线制是指从电源到用电设备只用一根导线连接，而用汽车发动机、底盘或车身等金属机体作为另一根公用导线。由于单线制节省导线，安装维修方便，且电器部件不需与车体绝缘，因此现代汽车电器系统普遍采用单线制。但是，在特殊情况下，为了保证电器系统特别是电子控制系统的工作可靠性，也可采用双线制。

2. 电源负极搭铁

在单线制中，将电器产品的壳体与车体金属连接作为电路导电体的方法，称为搭铁。将蓄电池的负极连接到车体上称为负极搭铁；将蓄电池的正极连接到车体上则称为正极搭铁。现代汽车电器系统采用单线制时，一般规定为负极搭铁。

3. 双电源供电

两个电源是指蓄电池和发电机。在汽车电路的两个电源中，蓄电池是辅助电源，发电机是主要电源。蓄电池主要在起动发动机时供电，发电机在汽车运行过程中，既向用电设备供电，又向蓄电池充电。

4. 用电设备并联

汽车电路均为并联电路，蓄电池与发电机并联工作，整车电器与电子控制系统均采用并联连接。

5. 低压直流

汽车电器系统的标称电压有 12 V 和 24 V 两种等级，汽油发动机汽车普遍采用 12 V 电源，柴油发动机汽车大多数采用 24 V 电源。标称电压为 12 V 和 24 V 电源的最大电压分别为 14 V 和 28 V。为了满足现代汽车电器装置日益增多、用电量愈来愈大对电源系统供电功率增大的需求，部分国家开始采用 48 V 电源系统。无论电压等级为 12 V、24 V 还是 48 V，都是直流安全电压(直流安全电压为 50 V，交流安全电压为 36 V)，其主要优点是用电安全，不会导致人体触电。

1.4　现代汽车控制系统状况

现代汽车控制系统根据控制功能不同可分为动力性、经济与排放性、安全性、舒适性、操纵性、通过性、娱乐与信息控制系统等七种类型，不同电子控制系统能够实现的主要控制项目也不一样。

1. 动力性方面所采用的电子控制系统

(1) 发动机燃油喷射(Electronic Fuel Injection，EFI)系统：该系统主要控制喷油时刻(喷油提前角)、喷油量(喷油持续时间)、喷油顺序、喷油器及电动燃油泵等。

(2) 微机控制电子点火提前(Electronic Spark Advance，ESA)系统：该系统主要控制点火时刻(点火提前角)、点火导通角(限流控制)和爆震等。

(3) 怠速控制(Idle Speed Control，ISC)系统：该系统主要控制空调接通与断开、动力转向泵接通与切断、变速器换挡防冲击等。

(4) 电子控制变速(Electronic Controlled Transmission，ECT)系统：该系统主要控制发动机输出转矩、变速器换挡时机、液力变矩器锁止时机等。

(5) 进气控制系统：该系统主要控制进气通路切换、涡流控制阀等。

(6) 增压控制系统：该系统主要控制泄压控制阀、废气涡轮增压等。

2. 经济与排放性方面所采用的电子控制系统

(1) 空燃比反馈控制系统：该系统主要控制空燃比。

(2) 燃油控制系统：该系统主要控制超速断油、减速断油和清除溢流等。

(3) 废气再循环(Exhaust Gas Recirculation，EGR)控制系统：该系统主要控制排气再循环率。

(4) 燃油蒸气回收系统：该系统主要控制活性炭罐电磁阀。

3. 安全性方面所采用的电子控制系统

(1) 防抱死制动控制系统(Antilock Brake System，ABS)：该系统主要控制车轮滑移率、车轮制动力分配等。

(2) 安全气囊控制系统(Supplemental Restraint System，SRS)：该系统主要控制气囊点火器的点火时间、安全气囊系统故障报警灯。

(3) 座椅安全带收紧系统：该系统主要控制安全带收紧器。

(4) 雷达车距控制系统：该系统主要控制车辆距离、报警及制动等。

(5) 前照灯光束控制系统：该系统主要控制前照灯焦距、光束角度等。

(6) 安全驾驶监控系统：该系统主要控制驾驶时间、转向盘状态，并对驾驶员脑电图、驾驶员体温和心率等进行监控。

(7) 防盗报警控制系统：该系统主要控制遥控门锁、数字密码点火、数字编码门锁、转向盘自锁及报警灯。

(8) 电子仪表系统：该系统主要控制汽车状态信息显示及报警灯。

(9) 自诊断系统：该系统主要控制故障报警、故障代码存储、控制部件的软件保护失效、故障应急处理等。

4. 舒适性方面所采用的电子控制系统

(1) 电子调节悬架(Electronic Monitor Suspension，EMS)系统：该系统主要控制车身高度、悬架刚度、悬架阻力、车身姿态(点头、侧倾、俯仰)等。

(2) 电动座椅控制系统：该系统主要控制座椅方向(向前、向后)、高低(向上、向下)等。

(3) 空调控制系统：该系统主要控制空调的制冷、制暖，驾驶室内空气湿度及质量等。

5. 操纵性方面所采用的电子控制系统

(1) 动力转向控制系统：该系统主要控制助力油压、气压和电动机电流等。

(2) 巡航控制系统(Cruise Control System，CCS)：该系统主要控制恒定车速的设定、安全(解除巡航状态)等。

(3) 中央门锁控制系统：该系统主要控制门锁遥控、门锁自锁及玻璃升降等。

6. 通过性方面所采用的电子控制系统

(1) 防滑转控制(Anti Slip Regulation，ASR)系统：该系统主要控制发动机输出转矩、驱动轮制动力及防滑转差速器锁止程度等。

(2) 中央充放气系统：该系统主要控制轮胎气压。

(3) 自动驱动管理(Automatic Drive Management，ADM)系统：该系统主要控制驱动轮的驱动力。

(4) 差速器锁止控制系统(Vehicle Differential Lock System，VDLS)：该系统主要控制差速器锁止程度。

7. 娱乐与信息方面所采用的电子控制系统

(1) CD 音响：该系统主要控制车内娱乐系统。

(2) 交通信息显示：该系统主要控制交通信息、电子地图及卫星定位等。

(3) 车载电话：该系统主要控制车内通信联络。

(4) 车载计算机：该系统主要控制车内办公系统。

第二章　蓄电池结构与维护

2.1　蓄电池的结构

2.1.1　蓄电池的结构

1. 蓄电池的功能

汽车供电系统由蓄电池与发电机并联组成，其作用是向车载各用电设备提供电能。在汽车起动阶段，由蓄电池提供电能；在发动机正常运行阶段，由发电机向汽车用电设备提供电能，并同时向蓄电池充电。

蓄电池是一种可逆直流电源，主要功能包括以下几点：

(1) 发动机起动之前，可以保持汽车长时间不使用时动力记忆功能、报警系统有效。

(2) 在发动机起动时，向起动机及点火系供电。

(3) 在发动机正常运转时，发电机向蓄电池充电。

(4) 当发电机不发电或者电压过低时，协助发电机向车载电器设备供电。

(5) 当汽车上大功率用电设备同时启用时，用电设备功率一旦超过了发电机的额定功率，协助发电机供电。

(6) 当发电机输出电压不稳时，蓄电池相当于一个大电容器，可以吸收电路中的瞬变过电压，对汽车上的电器设备及电子元件起到保护作用。

2. 蓄电池的结构

蓄电池的基本构造如图 2-1 所示，普通蓄电池一般由 3 个或 6 个单格电池串联而成。单格电池主要由极板、隔板、电解液及外壳等组成，单格电池标称电压为 2 V，整个蓄电池的标称电压为 6 V 或 12 V。

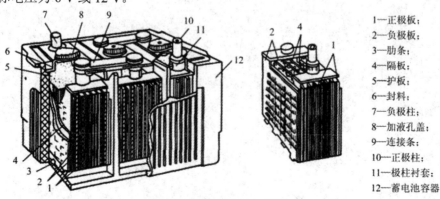

1—正极板；2—负极板；3—肋条；4—隔板；5—护板；6—封料；7—负极柱；8—加液孔盖；9—连接条；10—正极柱；11—极柱衬套；12—蓄电池容器

图 2-1　蓄电池的基本结构

1) 极板与极板组

(1) 极板：极板是蓄电池的最基本部件，其结构如图 2-2 所示。极板分为正极板和负极板，正极板上的活性物质是二氧化铅(PbO_2)，负极板上的活性物质是纯铅(Pb)，它们均由铅膏填充在用铅锑合金铸成的栅架上。在充足电的状态下，正极板呈深棕色，负极板呈深灰色。

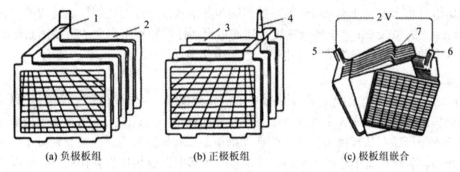

(a) 负极板组　　　　　(b) 正极板组　　　　　(c) 极板组嵌合

1—连接条；2—负极板；3—正极板；4—极柱；5—正极板组；6—负极板组；7—隔板

图 2-2　蓄电池极板组的结构

(2) 极板组：将一片正极板和一片负极板浸入电解液中，便可得到 2 V 左右的电压。但是单片正极板与单片负极板组成的电池，其容量较小，为了增大蓄电池的容量，将多片正极板用横板焊接并联起来，即可得到正极板组；同理，将多片负极板用横板焊接并联起来，即可得到负极板组。

(3) 单格电池：把正极板组与负极板组相互嵌合，且各正负极板之间用隔板隔开，再将其置于存有电解液的容器中，就构成了单格电池。单格电池的标称电压为 2 V，由 6 个单格电池串联而成蓄电池，其标称电压为 12 V，如图 2-3 所示。一般来说，摩托车用的蓄电池由 3 个单格电池组成，标称电压为 6 V；汽车用的蓄电池由 6 个单格电池组成，标称电压为 12 V。有些汽车需要 24 V 蓄电池，一般用 2 个标称电压为 12 V 的蓄电池串联而成。

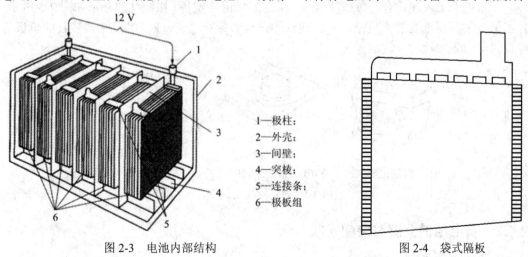

1—极柱；
2—外壳；
3—间壁；
4—突棱；
5—连接条；
6—极板组

图 2-3　电池内部结构　　　　　图 2-4　袋式隔板

2) 隔板

为了减小蓄电池内阻和尺寸，要求正、负极板应尽可能靠近，但又不能相互接触而短路，因此，需要在正、负极板间增加隔板。隔板分为袋式隔板和塑料隔板，其结构如图 2-4 所示。隔板必须具备如下性能和特点：

(1) 隔板应具有多孔性，以便电解液渗透。

(2) 隔板应具有良好的耐酸性和抗氧化性。

3) 电解液

电解液是由密度为 1.84 g/cm^3 纯净的硫酸与蒸馏水按一定的比例配制而成的，其密度一般为(1.24～1.30) g/cm^3，电解液密度是影响蓄电池性能和使用寿命的重要因素。其作用是使极板上的活性物质发生溶解和电离，产生电化学反应。

4) 壳体

(1) 壳体结构：蓄电池壳体用于盛放电解液和极板组，由电池槽和电池盖两部分组成。蓄电池壳体内用间壁分成 3 个或者 6 个互不相通的单格，壳底的突棱用来搁置极板组，突棱间的凹槽则可积存从极板上脱落下的活性物质，以避免沉积的活性物质连接正、负极板而造成短路。免维护蓄电池由于采用袋式隔板，脱落的活性物质积存在袋内，所以没有设置突棱。

(2) 壳体的要求：蓄电池壳体应具备耐酸、耐热、耐振动、耐冲击等性能。目前使用的干式荷电蓄电池与免维护蓄电池普遍采用聚丙烯透明塑料壳体，电池槽与电池盖之间采用热压工艺黏合为整体结构，不仅耐酸、耐热、耐振动冲击，而且壳壁薄而轻，易于热封合，外形美观，成本低廉，生产效率高。

5) 连接条

连接条的作用是把各单格的电池串联起来。传统的连接条是外露的，耗材多，电阻大，目前已逐渐被穿壁式或跨接式连接条取代，如干式荷电蓄电池与免维护蓄电池普遍采用穿壁式点焊连接，所用连接条尺寸很小，并设置在壳体内部。

6) 接线柱

在蓄电池上表面设有正负极接线柱，用于连接用电设备。接线柱的外形如图 2-5 所示。为了便于区分蓄电池的正负极，在接线柱的正极旁标有 "+" 或 "P"，在接线柱的负极旁标有 "−" 或 "N"。

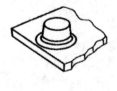

　　(a) 螺纹孔型极柱　　　　(b) 锥台型极柱　　　　(c) L 型极柱

图 2-5　蓄电池接线柱外形

2.1.2　蓄电池的分解与装配实践

1. 蓄电池的分解

(1) 拆卸连接条：用适当的方法把极柱的上部去除掉，剩下完整的连接条再拆卸。

(2) 清除封口剂：用蒸汽或开水浇喷封口剂表面，软化后拆除。

(3) 抽出极板组：由于极板组比较轻，用自制铁钩插挂在加液孔内，钩住浇盖板后向上提，然后取出单格极板组。

(4) 清洗：抽出极板组后，将其拆散清洗、晾干。

2. 蓄电池的装配

蓄电池的装配是拆卸的逆向过程，在装配过程中必须注意以下几个方面：

(1) 装配时注意单格极板片数与原厂规定的要求相符合。

(2) 极板组焊接要牢固，否则会增加蓄电池内阻，进而影响蓄电池充放电效率。

(3) 认真检查和挑选隔板，避免造成短路。

2.2 蓄电池的工作原理和工作特性

2.2.1 蓄电池的工作原理

蓄电池工作过程分为充电过程和放电过程，参与化学反应的物质有正极板上的二氧化铅(PbO_2)、负极板上的海绵状纯铅(Pb)以及电解液(H_2SO_4)等，其化学反应是可逆的。

1. 电动势的建立过程

如图 2-6 所示，单格蓄电池放进电解液后，在负极板上有少量的铅进入电解液中，生成二价铅离子(Pb^{2+})，在负极上留下 2 个负电荷($2e^-$)，使极板带负电；另外，由于正负电荷相吸引，Pb^{2+}离子有沉淀于负极板的倾向。当两者达到平衡时，溶解停止，此时负极板具有负电位，大小约为 0.1 V。

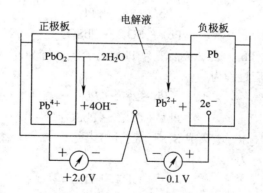

图 2-6 蓄电池电动势建立过程

在阳极板上，少量的二氧化铅(PbO_2)溶解于电解液中，与水反应生成 $Pb(OH)_4$，然后电离成 OH^-离子和 Pb^{4+}离子，电解反应过程如下：

$$PbO_2 + 2H_2O \rightarrow Pb(OH)_4$$

$$Pb(OH)_4 \rightarrow Pb^{4+} + 4OH^-$$

溶液中 Pb^{4+}离子有沉淀在正极板上的倾向，使正极板呈正电位。同时，Pb^{4+}离子与 OH^- 离子有相互结合生成 $Pb(OH)_4$ 的倾向，当两者达到平衡状态时，正极板上的电位大约

可达到 +2.0 V。

由此可见，一个充足电的单格蓄电池在静止状态下，其电动势 E_0 大约可达到 2.1 V。

2. 蓄电池的放电过程

在工作状况下，蓄电池与外电路的负载接通形成闭合电路，在电动势的作用下，电流 I_f 从蓄电池正极经过负载流往负极，蓄电池的放电过程如图 2-7 所示。

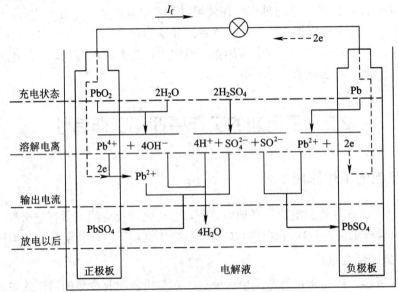

图 2-7　蓄电池的放电过程示意图

(1) 在正极板处，Pb^{4+} 离子与流到正极板的 $2e^-$ 结合，变成 Pb^{2+} 离子，Pb^{2+} 离子又与电解液中的 SO_4^{2-} 离子结合生成 $PbSO_4$，沉附在正极板上，其反应过程为

$$Pb^{4+} + 2e^- \rightarrow Pb^{2+}$$
$$Pb^{2+} + SO_4^{2-} \rightarrow PbSO_4$$

(2) 在负极板处，Pb 失去 $2e^-$ 后变为 Pb^{2+} 离子，再与 SO_4^{2-} 离子结合成 $PbSO_4$，且沉附在负极板上，其反应过程为

$$Pb - 2e^- \rightarrow Pb^{2+}$$
$$Pb^{2+} + SO_4^{2-} \rightarrow PbSO_4$$

在放电过程中，H_2SO_4 电离成 SO_4^{2-} 离子和 H^+ 离子，而 H^+ 离子又与 OH^- 离子结合生成水 H_2O，其反应过程为

$$H^+ + OH^- \rightarrow H_2O$$

综合上述，随着放电的不断进行，蓄电池正极板上的 PbO_2 和负极板上的 Pb 将不断地转化为 $PbSO_4$，电解液中的 H_2SO_4 将不断地减少，而 H_2O 不断地增多，使电解液的密度逐步下降。

3. 蓄电池的充电过程

将蓄电池的正负极分别连接到充电电源的正负极上，此时，由于充电电源的电动势高于蓄电池的电动势，电流 I_c 从蓄电池的正极流入，负极流出，蓄电池的充电过程如图 2-8 所示。

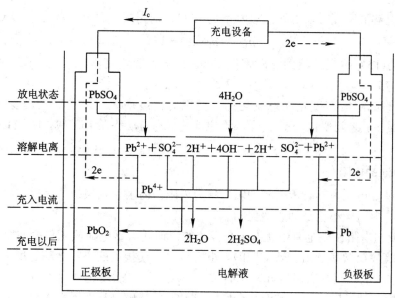

图 2-8　蓄电池的充电过程示意图

(1) 在正极板处，少量的 $PbSO_4$ 溶解于电解液中，电离出 SO_4^{2-} 离子和 Pb^{2+} 离子，Pb^{2+} 离子失去两个电子变为 Pb^{4+} 离子，再与 OH^- 离子结合生成 $Pb(OH)_4$，$Pb(OH)_4$ 又分解成 PbO_2 和 H_2O；而 SO_4^{2-} 离子与 H^+ 离子结合生成 H_2SO_4，整个反应过程如下：

$$PbSO_4 \rightarrow Pb^{2+} + SO_4^{2-}$$
$$H_2O \rightarrow H^+ + OH^-$$
$$Pb^{2+} - 2e^- \rightarrow Pb^{4+}$$
$$Pb^{4+} + 4OH^- \rightarrow Pb(OH)_4$$
$$Pb(OH)_4 \rightarrow PbO_2 + H_2O$$

(2) 在负极板处，少量的 $PbSO_4$ 溶解于电解液中，产生 Pb^{2+} 离子和 SO_4^{2-} 离子，Pb^{2+} 离子得到两个电子变为金属 Pb，沉附在极板上；SO_4^{2-} 离子与 H^+ 离子结合生成 H_2SO_4，即有

$$PbSO_4 \rightarrow Pb^{2+} + SO_4^{2-}$$
$$Pb^{2+} + 2e^- \rightarrow Pb$$
$$SO_4^{2-} + 2H^+ \rightarrow H_2SO_4$$

综合上述，在充电过程中，蓄电池正负极板上的 $PbSO_4$ 逐渐恢复成 PbO_2 和 Pb，电解液中的 H_2SO_4 逐步增多，密度逐渐增大。但是，如果充电终了后继续充电，将会引起电解液中水的分解。

2.2.2　蓄电池的工作特性

1. 静止电动势

蓄电池处于静止状态(不充电也不放电)时，正负极之间的电位差称为静止电动势(开路电压)，用字母 E_0 表示，其大小取决于电解液相对密度和温度。密度在(1.21～1.30) g/cm³ 范围内，单格电池的静止电动势 E_0 可以用下面的经验公式计算：

$$E_0 = 0.84 + \rho_{15℃}$$

当测量电解液密度时，电解液温度不是 15℃，则先按下面公式转化为 15℃ 的密度：

$$\rho_{15℃} = \rho_t + \beta(t - 15)$$

其中：$\rho_{15℃}$ 为 15℃ 时电解液的相对密度(g/cm³)；t 为实际测得的温度；β 为相对密度系数($\beta = 0.000\ 75$)。

蓄电池的电解液密度是动态变化的，充电时密度增大，放电时密度变小，一般在 $(1.21 \sim 1.30)$ g/cm³ 之间变化，所以，单格蓄电池的静态电动势在 15℃ 时，是在 $(1.97 \sim 2.15)$ V 之间变化。

2. 蓄电池的内阻

电流流过蓄电池内部时所受到的阻力称为内阻。内阻包括极板、隔板、电解液、连接条等的电阻，内阻大小也是动态变化的。

(1) 极板的电阻在完全充电状态下是很小的，但随着蓄电池放电程度的增加，覆盖在极板表面的硫酸铅增多，由于硫酸铅的导电性较差，使极板的电阻会随之增大。

(2) 电解液的电阻与其温度和密度有关。一般来说，温度越低内阻越大，温度越高内阻越小。而电解液密度过高或过低都会影响 H_2SO_4 的离解，从而增大内阻，电解液密度为 1.20 g/cm³(15℃) 时，电解液的电离解度最高，其黏度也不大，此时电阻最小。

总之，蓄电池的内阻是越小越好，较小的内阻能获得较大的输出电流，适合起动汽车的需要。

3. 蓄电池的充电特性

蓄电池的充电特性是指以恒定的电流充电时，蓄电池的端电压 U_c、电动势 E 和电解液密度 ρ 等随充电时间 t_c 变化的规律。图 2-9 是 6—QA—60 型干荷蓄电池以 3 A 充电率恒定充电特性曲线图。

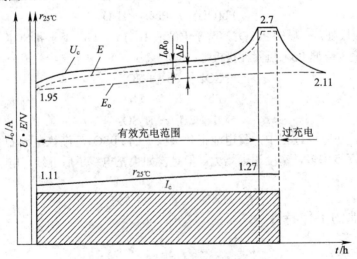

图 2-9　蓄电池恒定充电特性曲线

充电过程的几点说明：

(1) 充电电压 U_c。由于充电电压 U_c 必须克服蓄电池电动势 E 和内阻电压降 I_cR_c，才能在电路中形成电流，所以，充电电压必须高于蓄电池电动势 E，即

$$U_c = E + I_c R_c$$

(2) 充电开始阶段。该阶段蓄电池端电压上升较快，原因是开始充电时，极板上活性物质内部的水迅速消耗掉，而外部的水分来不及渗入，造成极板内部电解液密度迅速上升。

(3) 端电压平稳上升阶段。端电压进入稳定上升期，直至单格电压达到 2.4 V，因为在这段时间内，极板内消耗的水与外界渗透进去的水基本持平，处于平衡状态。

(4) 端电压二次快速上升阶段。一旦端电压达到 2.4 V 后，又开始迅速上升至 2.7 V，在该阶段，电解液中的水开始电解，正极板表面析出氧气，负极板表面析出氢气，电解液出现"沸腾"现象。

(5) 过充电阶段。当电压达到 2.7 V 后的一段时间内，端电压保持恒定，但在该阶段放出的气泡导致活性物质脱落，造成蓄电池的性能下降，降低蓄电池寿命，所以，充足电后要避免长过时间充电。

(6) 停止充电后阶段。停止充电后，附加电位消失，活性物质孔隙内的电解质密度迅速下降，与整个容器内的电解质密度趋于一致，所以，单格蓄电池的电压又会降到 2.1 V。

(7) 蓄电池充电终了特征是蓄电池单格电压升到 2.7 V 后(2～3) h 保持不变，且电解液有大量气泡冒出，出现"沸腾"现象。

4. 蓄电池的放电特性

蓄电池的放电特性是指以恒定的电流 I_f 放电时，蓄电池端电压 U_f、电动势 E 和电解液密度 ρ 等随放电时间的变化规律。图 2-10 是 6—QA—60 型干荷蓄电池以 3A 充电率恒定放电特性曲线图。

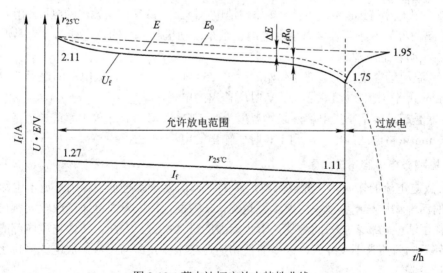

图 2-10 蓄电池恒定放电特性曲线

放电过程的几点说明：

(1) 蓄电池端电压 U_f。蓄电池放电时，由于蓄电池内阻 R_0 有一定电压降，因此，蓄电池端电压 U_f 低于其电动势 E，即有：

$$U_f = E - I_f R_0$$

(2) 放电开始阶段。端电压由 2.14 V 迅速降到 2.1 V，原因是开始放电时，极板上活性物质内部的硫酸迅速反应为水，而外部的硫酸来不及渗入，造成极板内部电解液密度迅速下降，致使端电压快速下降。

(3) 端电压缓慢下降阶段。当端电压下降到 2.1 V 之后，下降速度开始趋缓，因为在该阶段，极板内消耗硫酸与外界渗透进去的硫酸基本持平，处于动态平衡状态。

(4) 放电终了阶段。端电压迅速下降到 1.75 V，原因是极板表面集聚了大量硫酸铅，堵住了孔隙，使渗透能力下降，原有的平衡被破坏，极板内部的硫酸浓度降低，此时应该停止放电，否则会缩短蓄电池寿命。

(5) 蓄电池放电终了特征是单格电池电压降到 1.75 V。

2.2.3　蓄电池的容量及其影响因素

1. 蓄电池的容量

蓄电池的容量是指在规定的放电温度、放电电流、放电终止电压等条件下，完全充足电的蓄电池所能够释放出的电量，单位是 A·h。容量等于放电电流与持续放电时间的乘积，表达式为

$$C = I_f T_f$$

其中：C 为蓄电池的容量(A·h)；I_f 为放电电流(A)；T_f 为持续放电时间(h)。

容量是标志蓄电池对外放电的能力，是衡量蓄电池性能优劣和选用蓄电池的重要指标之一，蓄电池的标称容量有两种表示方式：

(1) 额定容量。额定容量是指完全充足电的蓄电池在电解液平均温度为 25℃ 的情况下，以 20 h 放电率持续地放电，直至单格电池电压降到 1.75 V 时所输出的电量，用 C_{20} 表示。

(2) 起动容量。起动容量表示蓄电池在汽车发动机起动时的供电能力，有常温起动容量和低温起动容量两种。

① 常温起动容量是指电解液起始温度为 25℃ 时，以 5 min 放电率的电流放电，持续放电 5 min 单格电池的电压降到 1.5 V 时所输出的电量。

② 低温起动容量是指电解液起始温度为 −18℃ 时，以 5 min 放电率的电流放电，持续放电 2.5 min 单格电池的电压降到 1 V 时所输出的电量。

2. 影响蓄电池容量的因素

(1) 放电电流的影响。一般放电电流越大，输出容量就越小。原因是放电电流越大，极板上的活性物质与电解液反应速度就越快，一方面，极板表面迅速形成较大颗粒的硫酸铅，堵住了活性物质表层的间隙孔，阻止硫酸的进入；另一方面，活性物质内部的硫酸消耗快，外界的硫酸来不及补充，许多活性物质还未来得及参与反应，放电就终止了，致使输出容量下降。

(2) 电解液温度的影响。电解液温度越低，输出容量就越小，原因是电解液温度低，黏度大，渗透能力下降，造成容量降低；另一方面温度越低，电解质的溶解度与电离度也越低，使输出容量降低。

(3) 电解液的密度影响。电解液的密度过低时会因为离子数量少而导致容量下降；相反，电解液密度过高，其黏度增大，渗透能力降低，内阻增大，极板容易硫化，也会导致容量下降。所以，实际使用中，电解液的密度一般要求为 $(1.26 \sim 1.285)$ g/cm^3。

2.2.4 蓄电池的型号

蓄电池产品的型号分为三段，各段含义如下：

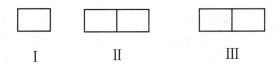

I   II   III

1. 第 I 段

第 I 段表示串联的单格电池数，由阿拉伯数字组成，其标准电压是这个数字乘以单格电池标称电压 2 V。

2. 第 II 段

第 II 段表示蓄电池的类型和特征。其中第一部分用字母表示蓄电池的用途，如 Q 表示起动用铅蓄电池，M 表示摩托车用蓄电池；第二部分用字母表示蓄电池的特征代号，如 A 表示干荷式；W 表示免维护式，无字母则表示干封式，具体参见表 2-1。

表 2-1 蓄电池特征代号

序号	产品特征	代号	序号	产品特征	代号	序号	产品特征	代号	序号	产品特征	代号
1	干荷电	A	4	少维护	S	7	半密封式	B	10	激活式	I
2	湿荷电	H	5	防酸式	F	8	液密式	Y	11	带液式	D
3	免维护	W	6	密封式	M	9	气密式	Q	12	胶质电解液	J

3. 第 III 段

第 III 段表示蓄电池的额定容量，目前，国内采用 20 h 放电率的容量来表示。有时在额定容量后面用一个字母表示特征性能：Q——高起动率；S——采用工程塑料外壳、电池盖及热封工艺的蓄电池；D——低温起动性能好；G——薄型极板的高起动蓄电池。

例如：6—QA—90G 表示由 6 个单格电池组成、额定电压为 12 V、额定容量为 90 A·h 的起动用干荷电高起动率蓄电池。

2.3 蓄电池的使用与维护

2.3.1 蓄电池的维护

1. 蓄电池的日常维护

为了使车辆上的蓄电池保持完好状态，延长其使用寿命，对使用中的蓄电池进行一系列的维护是非常必要的，蓄电池的维护包括以下内容：

(1) 观察蓄电池外表面有无电解液漏出。

(2) 检查蓄电池在车上安装是否牢固，导线接头与极柱的连接是否紧固。

(3) 清除蓄电池盖上的灰尘和泥土，擦掉蓄电池顶上的电解液，通透加液盖上的透气孔，清除极柱和导线上的氧化物。

(4) 定期检查和调整电解液的相对密度及液面的高度。

(5) 经常检查蓄电池的放电程度，超过规定要求时立刻予以充电。

2. 蓄电池的封存

暂时不用的蓄电池需要进行湿储存。湿储存的方法是先将蓄电池充足电，相对密度达到 1.285 g/cm^3，液面达到正常的高度，密封加液口后再放置到室内暗处进行封存。封存的时间不宜超过 6 个月，期间应定期检查电解液相对密度和液面高度。封存结束后，在交付使用前要再次进行充电。

长期需要封存的电池，最好用干式存储法进行封存，即先将电池以 20 h 放电率完全放电，然后倾倒出电解液，再用蒸馏水多次冲洗至水中无酸性物质，倒尽水滴，晾干后旋紧加液盖密封存储。启用前的准备和新电池相同。

2.3.2　蓄电池的充电

蓄电池在正常使用过程中会损耗一部分电能，如果没有及时得到补充充电，使其保持一定容量，就会影响其正常使用，同时也会降低其使用寿命。另外，新蓄电池和修复后的蓄电池在首次使用前必须进行初充电，因此，充电作业是保证蓄电池在整个使用过程中保持技术性能良好、延长其使用寿命的一个重要环节。

根据充电目的的不同，蓄电池的充电作业可分为初充电、补充充电、去硫化充电等。具体介绍如下：

1. 初充电

新蓄电池或修复后的蓄电池在使用之前的首次充电称为初充电，其目的在于恢复蓄电池在存放期间极板上部分活性物质缓慢硫化和自放电而失去的电量。初充电是否恰当，对蓄电池的使用性能影响较大，初充电时要求充电电流要小，充电时间要长，电化学反应充分。

初充电的步骤如下：

(1) 电解质的加注：首先按照厂家的规定加注一定相对密度的电解质，电解质加注之前温度不得超过 30℃，注入电解质后应静置(3～6) h，待温度低于 35℃才能充电。

(2) 充电：由于新蓄电池在储存过程中可能有部分硫化，充电时易于出现过热现象，因此，第一阶段的充电电流应控制在额定容量的十五分之一以内，直至电解质有气泡冒出，或单节电池端电压达到 2.4 V；第二阶段将充电电流再减半，继续充电至电解质剧烈放出气泡，且相对密度和电压持续保持 3 h 稳定不变，一般初充电所需时间大约在(60～70) h。

2. 补充充电

蓄电池在使用过程中，常有充电不足的现象存在，因此，蓄电池需要进行补充充电，补充充电一般一月一次。如遇到如下现象发生，也必须进行补充充电：

(1) 电解质相对密度下降到 1.15 g/cm³ 以下时；

(2) 冬季放电超过 25%，夏季放电超过 50%时；

(3) 汽车大灯灯光暗淡、起动机运转无力时；

(4) 蓄电池放置时间超过一个月时；

(5) 在蓄电池内补充了大量蒸馏水时。

2.3.3　蓄电池的充电方法

蓄电池的充电必须根据不同情况选择适当的方法，并且正确地使用充电设备，这样才能提高工作效率，延长蓄电池及充电设备的使用寿命。

常见蓄电池的充电方法有定流充电法、定压充电法和快速脉冲充电法三种。

1. 定流充电法

定流充电法是指在充电全过程中，保持充电电流基本恒定的一种充电方法，该方法广泛用于初充电、补充充电和去硫化充电等。如图 2-11(a)所示为定流充电的接线示意图，所有被充蓄电池都接成串联，只要是额定容量相同的蓄电池，无论是 6 V 或 12 V 都可以串联在一起进行充电。

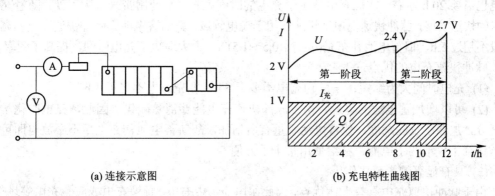

(a) 连接示意图　　　　　　　　　　(b) 充电特性曲线图

图 2-11　定流充电法

图 2-11(b)为定流充电特性曲线图，采用了分级电流充电法。刚开始时用较大的电流进行充电，使单格电池电压达到 2.4 V，活性物质基本还原，将要开始电解时，改用小电流开始第二阶段充电。与第一阶段相比，充电电流减少一半后继续充电，直至电解液密度和电压达到规定数值且在(2~3) h 内不再变化，并激烈冒出气泡为止。

2. 定压充电法

定压充电法是指蓄电池在充电全过程中，充电电源电压始终保持不变的一种充电方法，如图 2-12 所示。在充电开始时，充电电流很大，此后随着蓄电池的电动势 E 逐渐增大，充电电流渐渐减小，至充电终了时，电流 I_c 将自动降到零。

在定压充电时，充电电流大，开始充电后(4~5) h 内蓄电池就可以获得本身容量的 90%~95%，因此，充电时间短。另外，定压充电过程中不需要由专人管理，因而比较适合于蓄电池的补充充电。但是，定压充电时，充电电流大小不能调整，所以不能用于蓄电池的初充电，也不能用来消除硫化。

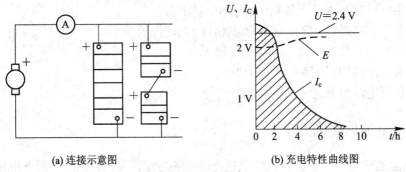

(a) 连接示意图　　　　　　　(b) 充电特性曲线图

图 2-12　定压充电法

在定压充电过程中，需要注意的是要选择好充电电压。若充电电压过高，不但充电初期充电电流过大，而且会发生过充电现象，以致引起极板弯曲、活性物质大量脱落，同时，蓄电池的温度也会过高；若充电电压过低，则会使蓄电池不能充电。一般对于 12 V 的蓄电池，要求充电电压大约为 15 V 左右。

3. 脉冲快速充电法

定流充电法和定压充电法统称为常规充电法，要完成一次初充电需(60～70) h，补充充电也需要 20 h 左右。常规充电法由于充电的时间太长，给使用带来很大不便。随着充电技术的快速发展，脉冲快速充电法迅速应用于充电领域。新的蓄电池用脉冲快速充电初充电一般不超过 5 h，旧蓄电池补充充电只需(0.5～1.5) h，大大缩短了充电时间，提高了效率。

脉冲快速充电的优点：

(1) 充电时间大为缩短，一般初充电不多于 5 h，补充充电不多于 1 h。

(2) 可以增加蓄电池的容量，由于脉冲快速充电能够消除硫化，因此，充电时化学反应充分，加深了反应深度，使蓄电池容量有所增加，故新蓄电池初充电后不必放电即可使用，这样不仅节约了电能，又给使用带来了方便。

(3) 具有显著的去硫化作用。

由于脉冲快速充电具有上述优点，因此在电池集中充电、频繁充电或应急充电等场合，其优点更为突出。但脉冲充电设备控制电路复杂，价格高于普通充电设备，使用中还不够理想，有待进一步改进。

 【知识拓展】

一、免维护电池概述

1. 传统蓄电池

普通铅蓄电池具有内阻小、起动输出电流大、电压稳定、工艺简单、造价低廉等优点，但其存在自行放电严重、失水量大、极柱腐蚀严重、使用寿命短等缺陷。为保持其良好的工作状态，在正常的使用过程中，需定期对其进行维护，例如，检查液面高度、加注蒸馏水、从车上拆下进行补充充电等。

2. 免维护电池

免维护蓄电池，也叫 MF 蓄电池，其含义是在合理的使用期限内不需强加蒸馏水，如短途车可行驶 80 000 km、长途货车可行驶(400 000～480 000) km 而不需要进行维护，可用 3.5～4 年不必加蒸馏水。免维护蓄电池还具有极柱腐蚀较轻或没有腐蚀、自行放电少、在车上或储存时不需进行补充充电等优点。总之，免维护蓄电池在使用过程中不需作任何维护或只需较少的维护工作就能保证蓄电池的技术状况良好和一定的使用寿命。

二、免维护蓄电池的结构

免维护蓄电池的结构如图 2-13 所示。

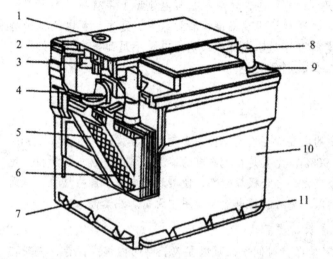

1—内装小型密度计；
2—壳内起消除火焰作用的排烟孔；
3—隔板；
4—中心极板连接夹板和单体电池连接器；
5—高密度活性物质；
6—铅钙栅架上锻制的小窗；
7—密封极板的隔板封条；
8—冷锻压制成的极柱；
9—模压代号；
10—聚丙烯壳体；
11—用于安装的下滑面

图 2-13　免维护蓄电池的结构

与普通铅蓄电池相比，免维护蓄电池在结构上做了重大的改进，其结构特点如下：

1. **板栅架材料的改进**

免维护蓄电池的极板栅架材料采用了低锑合金或无锑合金栅架。其中采用低锑多元合金的极板栅架，其锑含量在 1%～3%，由于含锑量少，因而在栅架铸造和机械强度方面存在不足；而采用无锑合金栅架的含钙量为 0.08%～0.1%，含锡量为 0.3%～0.9%，由于完全消除了锑的副作用，其自行放电量少，耐过充能力强，出气量和耗水量也非常小，因而在整个使用过程中无需加水，其外壳可做成全密封带液式，只有排气装置而无加液口，可以实现真正的免维护，所以称其为免维护蓄电池。

2. **隔板结构的改进**

隔板采用袋式微孔聚乙烯板，将正极板包住，可保护正极板上的活性物质不脱落，防止极板短路，这样可取消壳体内底部的凸筋，使极板上部容积增大，提高了电解液的储存量。

3. **通气孔的改进**

通气孔采用新型安全的通气装置和气体收集器，可避免聚集在蓄电池顶部的酸气析出与外部火花接触产生爆炸。有的免维护蓄电池的通气塞中还装有催化剂钮，它能将析出的绝大部分氢、氧气体再结合成水蒸气，经冷凝而成水后返回蓄电池内部，从而进一步减少了水的消耗。

4. 各单格电池间的连接改进

单体电池间的连接采用穿壁式贯通连接，使电池内阻减小，输出电流增大；同时，采用聚丙烯塑料热压外壳和整体式电池盖，壳体内壁薄、储液多，与同容量电池相比，重量轻、体积小。

5. 在电池顶部设置有观察口

对于无加液孔的全密封型免维护蓄电池，由于不能采用传统的密度计来测量电解液的相对密度，从而难以判断其技术状况，为此，在这种免维护蓄电池顶上装有一只小型密度计，且在其顶端设置了检视观察窗口。通过检视观察窗口看到绿点，则表示蓄电池工作情况良好；如果看到淡绿色，则说明电解液相对密度降低，电池电量不足而需充电；如果观察到浅黄色，说明蓄电池无法正常工作，必须更换。

三、免维护电池的特点

1. 使用中不需要加注蒸馏水

普通蓄电池在使用中消耗蒸馏水的主要途径有两个：一个是水的蒸发(约占 10%左右)；另一个是充电过程中水的电解(约占 90%)，尤其是在过充电的情况下水的电解更加严重。免维护蓄电池由于采用了低锑多元合金或无锑合金极板栅架，使其过充电保护能力增强，从而使充电末期水的电解量大大减少，所以，免维护蓄电池在使用中无需加注蒸馏水。

2. 自行放电量少，容量保持时间长

免维护蓄电池自行放电量少，容量保持时间长，可以在较长时间内湿式保存，一般在两年以上。

3. 使用寿命长

免维护蓄电池的使用寿命一般都在 4 年左右，为普通蓄电池使用寿命的 2~3 倍。

4. 接线极柱腐蚀小

免维护蓄电池由于设计有新型安全的通气装置，不但能保存单体电池中的酸气，而且还能预防火花或火花引起的爆炸，同时，还能保持其顶部干燥，因而减小了接线柱的腐蚀。

5. 内阻小，起动性能好

免维护蓄电池由于单体电池间采用穿壁式连接，减小了蓄电池内阻，可使连接条功率损失减少 80%左右，放电电压提高(0.15~0.4) V，因此，比普通蓄电池具有更好的起动性能。但是，免维护蓄电池也存在制造工艺复杂、价格高等缺点。

思考与练习

一、填空题

1. 蓄电池是一种_____电源，其电能和化学能能相互转换，既可充电，又能放电。

2. 汽车上装设蓄电池主要用于_____，所以常称为_____蓄电池。

3. 起动型蓄电池主要由_____、_____、_____、外壳、连接条和极柱等组成。

4. 正极板的活性物质为_____呈_____色；负极板的活性物质为_____呈_____色。

5. 隔板的作用是将正、负极板隔离，防止_____而造成短路。

6. 电解液由_____和_____按一定比例配制而成。

7. 在放电过程中，极板上的活性物质 PbO_2 和 Pb 逐渐转变为_____，电解液中的 H_2SO_4 逐渐_____，蓄电池就这样把储存_____能转变为电能。

8. 蓄电池在充、放电过程中电解液浓度将_____。

9. 充足电的蓄电池静置时，相对于电解液正极板的电位为_____V，负极板的电位为_____V。

10. 蓄电池的内电阻包括_____电阻、_____电阻、_____电阻和_____电阻。

11. 使用中影响蓄电池的因素有_____、_____和_____。

12. 免维护铅蓄电池又叫_____蓄电池，目前大部分车用的蓄电池都为免维护铅蓄电池。

二、选择题

1. 将同极性极板并联在一起形成极板组的目的是(　　)。

A. 提高端电压　　　　　　　B. 增大容量　　　　　　　C. 提高电动势

2. 安装隔板时，隔板带沟槽的一面应向着(　　)。

A. 负极板　　　　　　　　　B. 正极板　　　　　　　　C. 无要求

3. 我国规定，起动型铅蓄电池内电解液液面应高出防护板(　　)。

A. (5～10) mm　　　　　　 B. (10～15) mm　　　　　 C. (15～20) mm

4. 在充电过程中电解液的浓度(　　)。

A. 加大　　　　　　　　　　B. 减小　　　　　　　　　C. 不变

5. 铅蓄电池在放电过程中，电解液密度(　　)。

A. 上升　　　　　　　　　　B. 不变　　　　　　　　　C. 下降

6. 铅蓄电池在充电过程中，端电压(　　)。

A. 上升　　　　　　　　　　B. 不变　　　　　　　　　C. 下降

7. 随着放电电流的加大，蓄电池的容量(　　)。

A. 加大　　　　　　　　　　B. 不变　　　　　　　　　C. 减少

8. 免维护蓄电池是指使用中(　　)。

A. 根本不需维护

B. 3～4 年不必加蒸馏水

C. 3～4 个月不必加蒸馏水

9. 免维护蓄电池的湿储存时间一般可达(　　)。

A. 1 年　　　　　　　　　　B. 2 年　　　　　　　　　C. 4 年

三、判断题(对的打"√",错的打"×")

1. 铅锑合金中加锑的目的是提高力学强度和改善浇注性能,故多加比少加锑好。
(   )

2. 在单格蓄电池中,正极板的数量总是比负极板多一块。(   )

3. 因为蓄电池的电化学反应是可逆的,所以它属于永久性电源。(   )

4. 配制电解液时应将蒸馏水倒入硫酸中。(   )

5. 采用定压充电时,充电电压一般每个单格约 2.5 V。(   )

6. 新蓄电池加注电解液后应立即充电。(   )

7. 电解液液面过低时应补加稀硫酸。(   )

四、简答题

1. 起动型蓄电池有哪些用途?

2. 起动型蓄电池由哪几大主要部分组成?各起什么作用?

3. 起动型蓄电池的型号主要由哪几部分组成?各部分含义是什么?

4. 写出 6—QAW—100 型蓄电池的含义。

5. 蓄电池充电终了的标志是什么?

6. 定流充电有哪些优缺点?

7. 在什么情况下应进行补充充电?

8. 免维护铅蓄电池有哪些优点?

第三章　交流发电机结构及检修

3.1　交流发电机的结构

3.1.1　交流发电机分类

1. 按结构分类

(1) 外装电压调节器式交流发电机：在载货汽车和大型客车上应用较普遍，如东风 EQ1090 型载货汽车使用的 JF132 型交流发电机，解放 CA1091 型载货汽车使用的 JF1522A 型交流发电机等。

(2) 整体式交流发电机(内装电压调节器式)：内装电压调节器式交流发电机多用于轿车，如一汽奥迪、上海桑塔纳等轿车用 JFZ1913Z 型交流发电机。

(3) 带泵交流发电机：带泵交流发电机多用于柴油车，在发电机后端带有真空制动助力泵，如 JFB1712 型交流发电机。

(4) 无刷交流发电机：无刷交流发电机是指无电刷、无集电环结构的交流发电机，如 JFW1913 型交流发电机。

(5) 永磁交流发电机：永磁交流发电机是指磁极为永磁铁制成的发电机，即转子采用永磁材料的交流发电机。

2. 按磁场绕组搭铁方式分类

(1) 内搭铁式交流发电机。内搭铁式交流发电机是指磁场绕组的一端(负极)直接搭铁(和壳体相连)。

(2) 外搭铁式交流发电机。外搭铁式交流发电机是指磁场绕组的一端(负极)接入调节器，通过调节器后再搭铁。

3. 按装用的二极管数量分类

(1) 6 管交流发电机：其整流器由 6 只硅二极管组成，这种形式发电机应用最为广泛，如东风 EQ1090 车使用的 JF132 型、解放 CA1091 型车使用的 JF1522A、JF152D 型交流发电机等。

(2) 8 管交流发电机：具有两个中性点二极管的交流发电机，其整流器总共有 8 只二极管组成，如天津夏利 TJ7100 微型轿车所用的 JFZ1542 型交流发电机。

(3) 9 管交流发电机：具有 3 个励磁二极管的交流发电机，其整流器总共有 9 只二极管组成，如北京 BJ1022 型轻型载货车用的 JFZ141 型交流发电机。

(4) 11 管交流发电机：具有中性点二极管和励磁二极管的交流发电机，其整流器总共有 11 只二极管组成，如桑塔纳轿车所用的 JFZ1913Z 型交流发电机。

3.1.2 交流发电机的型号

根据中华人民共和国汽车行业标准 QC/T 73—1993《汽车电气设备产品型号编制方法》规定，国产汽车交流发电机型号主要由下列五大部分组成：

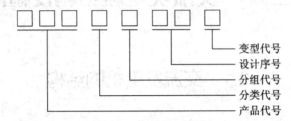

变型代号
设计序号
分组代号
分类代号
产品代号

第一部分为产品名称代号。交流发电机产品名称代号为 JF；整体式交流发电机产品名称代号为 JFZ；带泵交流发电机产品名称代号为 JFB；无刷交流发电机产品名称代号为 JFW，其中：J 表示"交"，F 表示"发"，Z 表示"整"，B 表示"泵"，W 表示"无"。

第二部分为分类代号，即电压等级代号。用一位阿拉伯数字表示：1 代表 12 V；2 代表 24 V；6 代表 6 V。

第三部分为分组代号，即电流等级代号，用一位阿拉伯数字表示，具体含义如表 3-1 所示。

表 3-1 发电机电流等级代号

电流等级	1	2	3	4	5	6	7	8	9
电流/A	≤19	20～29	30～39	40～49	50～59	60～69	70～79	80～89	≥90

第四部分为设计序号。按产品设计先后顺序，用阿拉伯数字表示。

第五部分为变型代号。交流发电机以调整臂的位置作为变型代号，从驱动端看，Y 表示右边；Z 表示左边。

例如奥迪 100 型轿车所采用的 JFZ1913Z 型交流发电机，其含义为电压等级为 12 V、输出电流大于 90 A，第 13 次设计，调整臂位于左边的整体式交流发电机。

3.1.3 普通交流发电机的结构

普通交流发电机一般由转子、定子、整流器、前后端盖、风扇、带轮等组成，图 3-1 所示为 JF132 型 6 管普通交流发电机解体图。

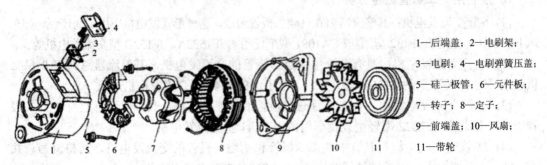

1—后端盖；2—电刷架；
3—电刷；4—电刷弹簧压盖；
5—硅二极管；6—一元件板；
7—转子；8—定子；
9—前端盖；10—风扇；
11—带轮

图 3-1 JF132 型交流发电机解体图

1. 转子总成

转子的功能是产生磁场，由爪极、磁轭、励磁绕组、滑环、转子轴等组成，如图 3-2 所示。转子轴上压装着两块爪极，爪极被加工成鸟嘴形状，爪极空腔内装有励磁绕组和磁轭；滑环由两个彼此绝缘的铜环组成，压装在转子轴上并与轴绝缘，两个滑环分别与励磁绕组的两端相连。当给两滑环通入直流电时，励磁绕组中就有电流通过，并产生轴向磁通，使爪极一块被磁化为 N 极，另一块被磁化为 S 极，从而形成 6 对(或 8 对)相互交错的磁极，当转子转动时，就形成了旋转的磁场。

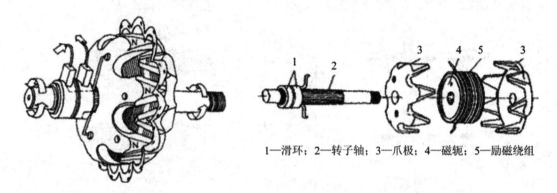

1—滑环；2—转子轴；3—爪极；4—磁轭；5—励磁绕组

图 3-2　转子总成

2. 定子总成

定子的功能是产生交流电。定子安装在转子的外面，和发电机的前后端盖固定在一起，当转子在其内部转动时，引起定子绕组中磁通的变化，定子绕组中就产生交变的感应电动势。定子由定子铁芯和定子绕组(线圈)组成，如图 3-3 所示。定子铁芯由内圈带槽、互相绝缘的硅钢片叠成，定子绕组有三组线圈，对称地嵌放在定子铁芯的槽中。三相绕组的连接有星形接法和三角形接法两种，都可以产生三相交流电。

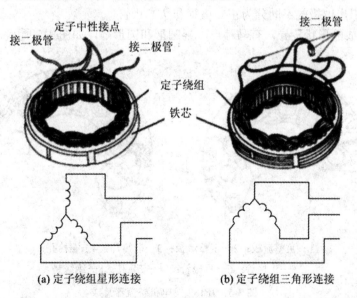

(a) 定子绕组星形连接　　　　　　(b) 定子绕组三角形连接

图 3-3　定子总成

3. 整流器

整流器的功能是将定子绕组的三相交流电变为直流电。整流器由整流板和整流二极管组成，6管交流发电机的整流器是由 6 只硅整流二极管分别压装(或焊装)在相互绝缘的两块板上组成的，其中一块为正极板(带有输出端螺栓)，另一块为负极板，负极板和发电机外壳直接相连(搭铁)，也可以将发电机的后盖直接作为负极板。6 只整流二极管分为正极管和负极管两种。引出电极为正极的称为正极管，3 只正极管装在同一块板上，称为正极板；引出电极为负极的称为负极管，3 只负极管安装在同一块板上，称为负极板，也可直接安装在后盖上，如图 3-4 所示。

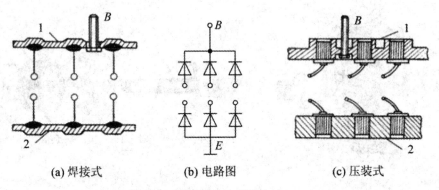

(a) 焊接式　　　　(b) 电路图　　　　(c) 压装式

1—正整流板；2—负整流板

图 3-4　整流二极管

汽车用硅整流二极管是专用的，有如下特点：

(1) 允许的工作电流大，如 ZQ50 型二极管的正向平均电流为 50 A，浪涌电流为 600 A。

(2) 承受反向电压的能力高，可承受的反向重复峰值电压在 270 V 左右，反向不重复峰值电压在 300 V 左右。

(3) 只有一根引线(引出电极)。

(4) 根据引出电极的不同分为正二极管和负二极管。

整流器总成的形状各异，有马蹄形、半圆形和圆形等，如图 3-5 所示。

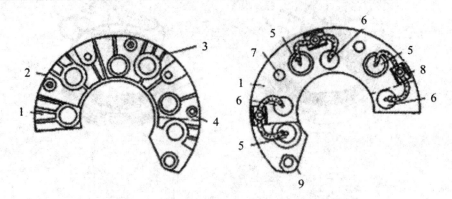

1—负整流板；2—正整流板；3—散热片；4—螺栓孔；

5—正极管；6—负极管；7—安装孔；8—绝缘垫

图 3-5　JF132 发电机整流器总成

4. 端盖及电刷组件

端盖一般分两部分(前端盖和后端盖)，起支撑转子、定子、整流器和电刷组件的作用。端盖一般用铝合金铸造，一是可有效地防止漏磁，二是铝合金散热性能好。后端盖上装有电刷组件，电刷组件由电刷、电刷架和电刷弹簧组成，如图 3-6 所示。电刷的作用是将电源通过滑环引入励磁绕组，两个电刷分别装在电刷架的孔内，借助弹簧压力与滑环保持接触。电刷和滑环的接触应良好，否则会因为磁场电流过小，导致发电机发电不足。

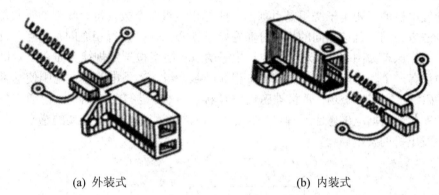

(a) 外装式　　　　　　　　　　　　(b) 内装式

图 3-6　电刷组件

励磁绕组通过两只电刷(F 和 E)和外电路相连，根据电刷和外电路的连接形式不同，可将发电机分为内搭铁型和外搭铁型两种，如图 3-7 所示。

(1) 内搭铁型交流发电机：励磁绕组的一端经负电刷(E)引出后和后端盖直接相连(直接搭铁)的发电机称为内搭铁型交流发电机，如图 3-7(a)所示。

(2) 外搭铁型交流发电机：励磁绕组的两端(F 和 E)均和端盖绝缘的发电机称为外搭铁型交流发电机，如图 3-7(b)所示。

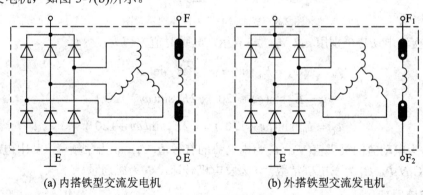

(a) 内搭铁型交流发电机　　　　　　　　(b) 外搭铁型交流发电机

图 3-7　交流发电机的搭铁形式

5. 带轮及风扇

交流发电机的前端装有带轮和风扇，由发动机通过传动带驱动发电机的转子轴和风扇一起旋转。发电机工作时，定子绕组和励磁绕组中都会有热量产生，温度过高会烧坏导线的绝缘层，导致发电机不能正常工作，所以必须给发电机散热。为了提高散热能力，有的发电机装有两个风扇(前后各一个)，如丰田轿车的发电机。

3.2　交流发电机的工作原理

3.2.1　交流发电机的工作原理

1. 发电工作原理

交流发电机的三相定子绕组是对称的，即每相绕组的个数及每个线圈的匝数都相等，绕组的绕法也相同，且按相同的规律分布在定子铁心的槽中，每相之间角度互差 120°。发电机的工作原理如图 3-8 所示，发电机定子的三相绕组按一定规律分布在发电机的定子槽中，内部有一个转子，转子上安装着爪极和励磁绕组。当外电路通过电刷使励磁绕组通电时，励磁绕组则产生磁场，爪极被磁化为 N 极和 S 极。当转子旋转时，磁通交替地在定子绕组中变化，根据电磁感应原理可知，定子的三相绕组中便产生交变的感应电动势，这就是交流发电机的发电原理。

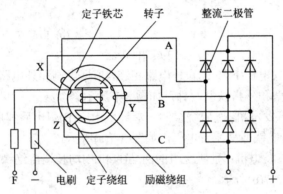

图 3-8　交流发电机工作原理示意图

三相交流电动势分别用 e_A、e_B、e_C 表示，其瞬时值方程为：

$$e_A = E_m \sin(\omega t) = \sqrt{2} E_\phi \sin(\omega t)$$

$$e_B = E_m \sin(\omega t - 120°) \sqrt{2} E_\phi \sin(\omega t - 120°)$$

$$e_C = E_m \sin(\omega t + 120°) = \sqrt{2} E_\phi \sin(\omega t + 120°)$$

式中：E_m 为电动势的最大值(V)；E_ϕ 为电动势的有效值(V)；ω 为角频率。其中电动势的有效值 $E_\phi = C_1 N \Phi$，C_1 为发电机常数，n 为发电机转速，Φ 为磁通量。

2. 整流原理

交流发电机的整流是利用二极管的单向导电性，通过 6～11 只二极管组成的三相桥式全波整流电路实现的，6 管整流电路如图 3-9(a)所示，整流后的输出波形如图 3-9(b)、图 3-9(c)所示。

1) 二极管的导通原理

二极管具有单向导电性，当给二极管加正向电压时二极管导通，加反向电压时则截止。二极管的导通原理如图 3-9(a)所示，当 3 只二极管的负极端连接在一起时，称为正二极管，其正极电位最高者导通；当3只二极管的正极端连接在一起时，称为负二极管，其负极电位最低者导通。

2) 整流过程分析

整流过程分析如图 3-9(b)、图 3-9(c)所示，三相桥式整流电路的特点是每个时刻导通的二极管有两个，即该时刻正极电位最高的正二极管和负极电位最低的负二极管导通。在图 3-9 中 $0\sim t_1$ 段内 C 相电压最高，与其相连的正二极管 VD_5 导通，B 相电压最低，与其相连的负二极管 VD_4 导通，其余二极管截止，C、B 两相绕组电压叠加后向负载供电。同理，$t_1\sim t_2$ 段内，A 相电压最高，B 相电压最低，此时 VD_1、VD_4 导通，其余二极管截止，A、B 两相绕组电压叠加后向负载供电。依次类推，三相桥式整流电路中的二极管依次导通，使得负载两端得到一个比较平稳的脉动电压。

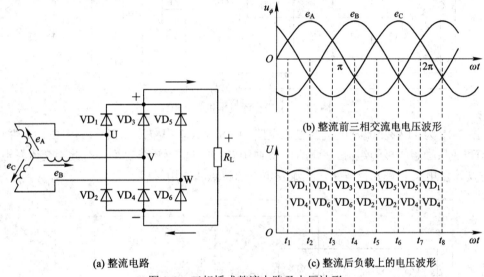

(a) 整流电路

(b) 整流前三相交流电电压波形

(c) 整流后负载上的电压波形

图 3-9　三相桥式整流电路及电压波形

3) 8 管、9 管及 11 管整流电路

除了部分交流发电机采用 6 个二极管构成的桥式整流电路外，大部分交流发电机采用 8 个二极管或 9 个二极管及 11 个二极管构成的整流电路，其整流过程基本相似。

图 3-10 为 8 管交流发电机的整流电路，其特点是利用中性点 N 的输出来提高发电机的输出功率。实践证明，加装中性二极管后，在发电机转速超过 2000 r/min 时，其输出功率可提高 11%～15%左右。

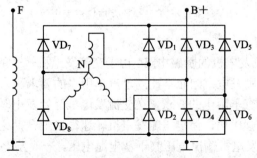

图 3-10　8 管交流发电机的整流电路

图 3-11 为由 6 只大功率整流二极管和 3 只小功率励磁二极管组成的 9 管交流发电机。其中 6 只大功率整流二极管组成三相全波桥式整流电路，对外负载供电；3 只小功率管二极管与 3 只大功率负极管也组成三相全波桥式整流电路，专门为发电机励磁绕组供电及控制充电指示灯，所以称 3 只小功率管为励磁二极管。

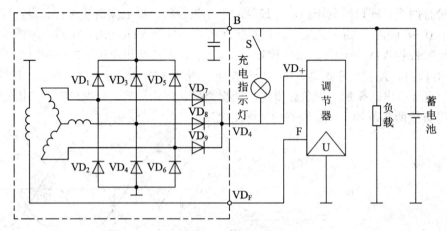

图 3-11　9 管交流发电机整流电路

图 3-12 为 11 管交流发电机的整流电路，由 8 只大功率整流二极管(其中 2 只中性点二极管)和 3 只励磁二极管组成。桑塔纳、奥迪 100、丰田皇冠轿车等均装有此类交流发电机。11 管交流发电机兼有 8 管与 9 管交流发电机的特点和作用。

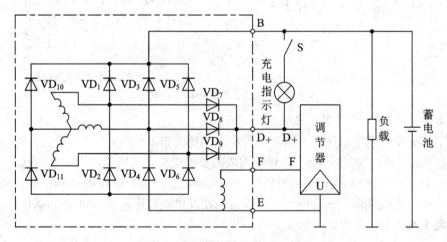

图 3-12　11 管交流发电机整流电路

3. 励磁方式

图 3-13 所示为交流发电机的励磁电路。由于交流发电机转子的剩磁较弱，发电机只有在较高转速时，才能自励发电，因而不能满足汽车用电的要求。为了使交流发电机在低速运转时的输出电压满足汽车用电的要求，在交流发电机开始发电时，采用他励方式，即由蓄电池提供励磁电流增强磁场，使电压随发电机转速很快上升，这也是交流发电机低速充电性好的主要原因。当发电机输出电压高于蓄电池电压，一般发电机的转速达到 700 r/min 左右时，励磁电流便由发电机自身供给，这种励磁方式称为自励。由此可见，汽车交流发

电机在输出电压建立前后分别采用他励和自励两种不同的励磁方式。

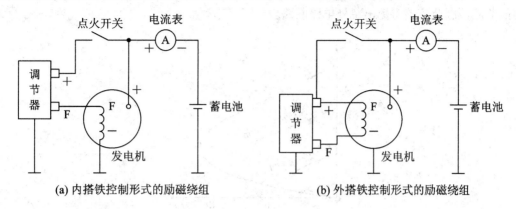

(a) 内搭铁控制形式的励磁绕组　　　　　(b) 外搭铁控制形式的励磁绕组

图 3-13　交流发电机励磁电路

3.2.2　交流发电机的工作特性

汽车用交流发电机的转速变化范围很大，其转速一般都在(1000～15 000) r/min 之间变化。由交流发电机的端电压变化规律可知，要研究和表征硅整流发电机的特性，应以转速为基础进行分析各有关量的变化。交流发电机的特性有空载特性、输出特性和外特性等，其中以输出特性最为重要，分别介绍如下。

1. 空载特性

空载特性是指发电机无负荷时，发电机的端电压与转速之间的关系，空载特性曲线如图 3-14 所示。从曲线可以看出，随着转速的升高，端电压上升较快。由他励转入自励发电时就可以向蓄电池进行补充充电，说明交流发电机低速充电性能很好，空载特性是判定交流发电机充电性能是否良好的重要依据。

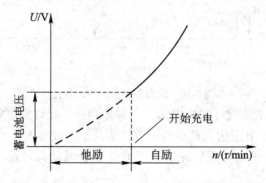

图 3-14　交流发电机的空载特性

2. 外特性

外特性是指发电机转速保持一定时，发电机的端电压与输出电流的关系，在经不同的恒定转速的试验后，可以绘制出一组相似的外特性曲线，如图 3-15 所示。

由外特性曲线可以看出，交流发电机端电压受转速和负载变化的影响较大，因此发电机必须配置电压调节器才能保持恒定的电压值。当发电机处于高速运转状态时，如果突然失去负载,则其端电压会急剧升高,发电机中的硅二极管及调节器中的电子元件将有被击穿的危险,因此应该避免出现外电路断路现象。

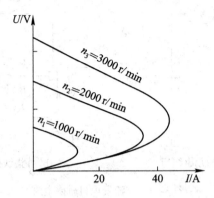

图 3-15　交流发电机的外特性

3. 输出特性

输出特性也称负载特性或输出电流特性,它是指发电机输出电压保持一定时,发电机的输出电流与转速之间的关系。一般对标称电压为 12 V 的交流发电机,其输出电压恒定在 14 V;对标称电压为 24 V 的发电机,其输出电压恒定在 28 V。$I = f(n)$ 的输出特性曲线,如图 3-16 所示。

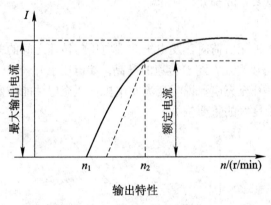

输出特性

图 3-16　交流发电机的输出特性

(1) 发电机的转速较低时,其端电压低于额定电压,此时发电机不能向外供电;当转速达到空载转速 n_1 时,电压达到额定值;当转速高于空载转速 n_1 时,发电机才有能力在额定电压下向外供电。所以空载转速值 n_1 常作为选择发动机与发电机之间传动比的主要依据。

(2) 当转速超过 n_1 时,发电机输出电流 I 将随着转速 n 的升高而增大;当转速等于 n_2 时,发电机输出额定功率(即额定电流与额定电压之积),故将转速 n_2 称为满载转速。

空载转速 n_1 和满载转速 n_2 是交流发电机的主要性能指标,在使用中,定期测量这两个数据,与规定值相比较,就可判断发电机性能是否良好。

(3) 当发电机转速高到一定值时,发电机的输出电流就不再随转速的升高而增大,这时的电流值称为发电机的最大输出电流或限流值。这个性能表明,交流发电机具有自动限制电流的自我保护能力，交流发电机的最大输出电流约为额定电流的 1.5 倍。

交流发电机能自动限制输出电流的原因如下：

① 交流发电机定子绕组的阻抗随发电机转速的升高而增加，阻抗越大，电源内压降越大，则输出电流下降。

② 随着发电机输出电流增大，电枢反应加强，励磁磁场减弱，则可使定子绕组中的感应电动势下降。

两者共同作用的结果，就使发电机的输出电流不再增加，交流发电机便具有了自身限制输出电流的作用。

3.3　电压调节器

3.3.1　电压调节器的作用

电压调节器的作用是使交流发电机的输出电压保持恒定。由于交流发电机的转子是由发动机通过传动带驱动旋转的，且发动机和交流发电机的转速比为 1.7～3，因此，交流发电机转子的转速变化范围非常大，这样将引起发电机的输出电压发生较大变化，无法满足汽车用电设备的工作要求。为了满足汽车用电设备对恒定电压的要求，交流发电机必须配用电压调节器，使其输出电压在发动机所有工况下基本保持恒定。

3.3.2　电压调节器的分类

电压调节器可按工作原理分类，也可按搭铁形式分类，具体介绍如下。

1. 按工作原理分类

交流发电机电压调节器按工作原理可分为以下几类。

(1) 触点式电压调节器：有单级触点式和双级触点式，这种电压调节器具有对无线电干扰大、可靠性差、寿命短等缺点，现已被淘汰。

(2) 晶体管调节器：其特点是开关频率高，且不产生电火花，调节精度高，质量轻、体积小、寿命长、可靠性高、无线电干扰小等优点，现广泛应用于多种中低档车型。

(3) 集成电路调节器：该调节器除具有晶体管调节器的优点外，还具有体积小，可安装于发电机内部(又称内装式调节器)的优点，减少了外接线，并且冷却效果得到了改善，现广泛应用于桑塔纳、奥迪等多种轿车上。

(4) 计算机控制调节器：这是现代轿车采用的一种新型调节器，由电负载检测仪测量系统总负载后，向发动机控制单元发送信号，然后由发动机控制单元控制发电机电压，适时地接通和断开励磁电路，即能可靠地保证电气系统正常工作，使蓄电池充电充足，又能减轻发动机负荷，提高燃料经济性，如上海别克、广州本田等轿车发电机上就使用了这种调节器。

2. 按搭铁形式分类

交流发电机电压调节器按搭铁形式分类可分为内搭铁式(与内搭铁式交流发电机配套

使用)和外搭铁式(与外搭铁式交流发电机配套使用)。

3.3.3　电压调节器的型号

按 QC/T73—1993《汽车电气设备产品型号编制方法》的规定,汽车交流发电机电压调节器的产品型号编制规则如下:

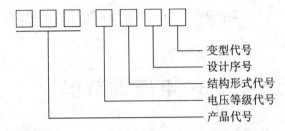

变型代号
设计序号
结构形式代号
电压等级代号
产品代号

(1) 产品代号:交流发电机电压调节器的产品代号有 FT 和 FTD 两种,分别表示发电机电压调节器和电子式发电机电压调节器(字母 F、T、D 分别为发、调、电的汉语拼音第一个字母)。

(2) 电压等级代号:该代号与交流发电机相同,电压等级代号用一位阿拉伯数字表示,其中 1 表示 12 V 系统,2 表示 24 V 系统,6 表示 6 V 系统。

(3) 结构形式代号:结构形式代号用一位阿拉伯数字表示,见表 3-2。

表 3-2　发电机调节器结构形式代号

结构形式代号	1	2	3	4	5
电压调节器	单联	双联	三联	—	—
电子式电压调节器	—	—	—	晶体管	集成电路

(4) 设计序号:按产品设计先后次序,用 1~2 位阿拉伯数字表示。

(5) 变型代号:用汉语拼音大写字母 A、B、C……顺序表示(不能用 0 和 1)。

例如:FT126C 表示 12 V 的双联机械电磁振动式调节器,第 6 次设计,第 3 次变型;FTD152 表示 12 V 集成电路调节器,第 2 次设计。

3.3.4　电压调节器的工作原理

由交流发电机的工作原理可知,交流发电机的三相绕组产生的相电动势的有效值为:

$$E_\phi = C_e \phi n$$

式中:E_ϕ 为电动势(V);C_e 为发电机的结构常数;n 为发电机转子转速(r/min);ϕ 为转子磁极的磁通量(Wb)。

上式说明交流发电机所产生的感应电动势与转子转速和磁极的磁通量成正比。因此,交流发电机调节器的工作原理为:当交流发电机的转速升高时,调节器通过减小发电机的励磁电流来减小磁通量,进而使发电机的输出电压保持不变。

触点式电压调节器通过触点开闭,接通和断开励磁电路来改变励磁电流大小;晶体管调节器、集成电路调节器等利用大功率晶体管的导通和截止,接通和断开励磁电路来改变励磁电流大小。这种调节器没有触点，使用过程中无需保养和维护，结构简单，体积小，重量轻，目前已经逐步取代触点式调节器。

1. 触点式电压调节器的工作原理

FT61 型双级触点式电压调节器用于东风 EQ1090 型汽车上，其结构原理如图 3-17 所示。动触点在两个静触点中间形成一对常闭的低速触点 S_1，另一对常开的高速触点 S_2，能调节两级电压，故称为双级触点式。高速静触点与金属底座直接搭铁，对外只有点火(或"火线""电枢""A""S""+")和磁场(或"F")两个接线柱。低速触点 S_1 和加速电阻(助振电阻)R_1、调节电阻(附加电阻)R_2 并联；高速触点 S_2 与发电机激磁绕组并联；温度补偿电阻 R_3 串入磁化线圈电路中。另外，还有电磁铁芯、磁化线圈、活动触点臂衔铁，拉力弹簧等器件。

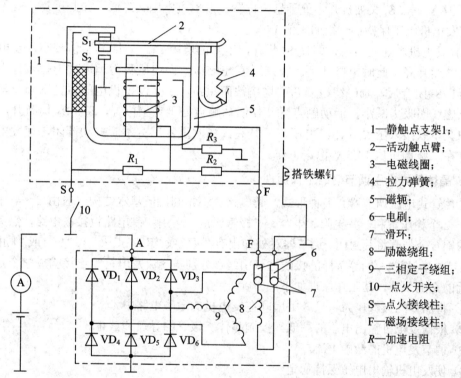

1—静触点支架1；
2—活动触点臂；
3—电磁线圈；
4—拉力弹簧；
5—磁轭；
6—电刷；
7—滑环；
8—励磁绕组；
9—三相定子绕组；
10—点火开关；
S—点火接线柱；
F—磁场接线柱；
R—加速电阻

图 3-17　FT61 型电压调节器和硅整流发电机原理电路图

触点式电压调节器工作过程为以下所述：

(1) 发电机不发动或者低速运转时，闭合点火开关 10 后，由于发电机处于不转或者转速很低，电压调节器火线接线柱对地的电压小于 14 V，电流流入电磁化线圈 3 产生的电磁力不能克服拉力弹簧 4 的拉力，所以低速触点 S_1 仍然闭合。此时，由蓄电池向励磁绕组 8 提供励磁电流，称为他励，他励电路为：蓄电池正极→电流表 A→点火开关 10→调节器的点火接线柱 S→静触点支架 1→低速触点 S_1→活动触点臂 2→磁轭 5→调节器磁场接线柱 F→发电机 F 接线柱→电刷和滑环→励磁绕组 8→滑环和电刷→发电机"−"接线柱→搭铁→蓄电池负极。发电机低速运转情况下，由于磁场电流由蓄电池供给，使转子磁场增强，于是发电机电压很快升高。

(2) 在发电机转速升高时，一旦发电机电压高于蓄电池电压，则磁场电流和磁化线圈中的电流均由发电机供给。发电机自身向励磁绕组 8 提供励磁电流，称为自励，自励电流由发电机 A 端输出。

(3) 随着发电机转速升高，当发电机电压达到第一级调节电压 14 V 时，电磁线圈 3 的电磁力增强，克服拉力弹簧 4 的拉力，将活动触点臂 2 吸下，使 S_1 断开，处于中间悬空位置。此时磁场电路为：发电机正极 A→点火开关 10→调节器点火接线柱 S→加速电阻 R_1→调节电阻 R_2→调节器 F 接线柱→发电机 F 接线柱→励磁绕组 8→搭铁。由于磁场电路中串入了 R_1、R_2 使磁场电流减小，发电机电压降低。当发电机电压下降而略低于工作电压 14 V 后，通过电磁线圈 3 的电流减小，电磁吸力减弱，S_1 在拉力弹簧的作用下重又闭合，R_1、R_2 被短路，使磁场电流增加，发电机电压再度升高。当发电机电压升至略高于工作电压 14 V 时，S_1 又被打开，处于悬空位置，发电机电压又降低。如此重复，S_1 不断振动，使发电机电压保持在一级调压值 14 V 上工作。

(4) 发电机高速运转时，即使 S_1 断开，串入的电阻 R_1、R_2 因其阻值较小，发电机电压仍会继续升高，此时电压升到二级调压值 14.5 V，因电磁吸力远远大于弹簧弹力，使 S_2 闭合。S_2 闭合后，励磁绕组的两端均搭铁而短路，于是发电机电压急剧下降。与此同时，电磁线圈吸力减小，活动触点臂又使活动触点处于悬空位置，S_1、S_2 均断开，磁场电路中又串联接入了 R_1、R_2，电压值又升高，如此重复，S_2 不断振动开闭，使发电机电压保持在二级调压值 14.5 V 稳定工作。

2. 晶体管式电压调节器的工作原理

晶体管式电压调节器有多种形式，其电路各不相同，但基本结构一般由 2～4 个晶体管、1～2 个稳压管和一些电阻、电容、二极管组成，再由印制电路板接成电路，然后用轻而薄的铝合金外壳将其封闭。调节器对外伸出有"+"(或"K""点火")、"F"(或"励磁")、"E"(或"搭铁""-")等字样的接线柱或引线，分别与交流发电机等连接构成整个汽车电气装置的充电系统，其工作原理如下：

① 将晶体三极管作为一只开关串联在发电机的激磁电路中。

② 根据发电机输出电压的高低，控制晶体三极管的导通和截止。

③ 调节发电机的激磁电流。

④ 使发电机输出电压保持稳定。

晶体管式电压调节器与内或外搭铁形式的交流发电机配套使用，也有内、外搭铁的区别，使用前一定要判断其搭铁形式，并与发电机相应的接线柱正确连接。具体介绍如下：

(1) 内搭铁式晶体管电压调节器。

内搭铁式晶体管电压调节器电路如图 3-18 所示，电路由三个电阻 R_1、R_2、R_3，两个晶体管 VT_1、VT_2，一个稳压管 VS 和一个二极管 VD 组成。

在发电机电压较低的情况下，分压器中间 P 点电压也较低，稳压管 VS 处于截止状态，此时三极管 VT_1 截止，却给三极管 VT_2 的基极一个高电位信号，使三极管 VT_2 导通，激磁电流可以通过三极管 VT_2 流入发电机激磁绕组，使发电机电压上升。当电压上升到调节器电压调整值时，P 点电压升高至稳压管击穿电压，稳压管被击穿，三极管 VT_1 导通，给三极管 VT_2 基极一个低电位信号，使三极管 VT_2 截止，切断了激磁电流，发电机无激磁电流，电压便下降。然后又使三极管导通，如此反复，使发电机的电压稳定在一定值上。

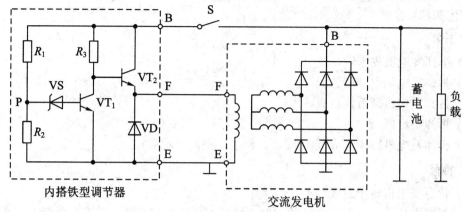

图 3-18 内搭铁式电压调节器电路图

(2) 外搭铁式晶体管电压调节器。

外搭铁式晶体管电压调节器内部电路如图 3-19 所示。该电路的 B+ 和 F 之间与内搭铁式晶体管调节器存在显著不同，内搭铁式晶体管电压调节器是通过大功率晶体管控制 B+ 与 F 的通与断，而外搭铁式晶体管电压调节器是通过大功率晶体管控制 F 的通与断，但其电路工作原理与结构和内搭铁式晶体管式电压调节器类似，故不再赘述。

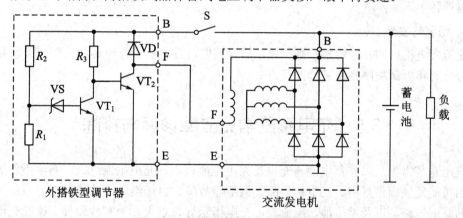

图 3-19 外搭铁式电压调节器电路图

3.4 交流发电机的拆装实践

当确认发电机有故障后，就需要拆解发电机，对有关部件进行检修。以丰田汽车发电机拆装检修为例，可按拆卸、分解、检修、组装和安装五个步骤进行。

1. 拆卸

(1) 脱开蓄电池负极(–)端子电缆。断开蓄电池负极(–)电缆之前，应对 ECU 等元器件内保存的信息做记录。

(2) 脱开发电机电缆和连接器。拆卸发电机电缆定位螺母，断开发电机电缆。

(3) 拆卸发电机。拧松发电机安装螺栓，然后拆卸传动皮带。拆卸所有的发电机安装螺栓，然后拆卸发电机(对于无调节螺栓，传动皮带张力的调节通过用杠杆移动发动机附件来实现)。

2. 分解

(1) 拆卸发电机皮带轮。

(2) 拆卸发电机电刷座总成。

(3) 拆卸发电机调节器总成。

(4) 拆卸整流器。

(5) 拆卸发电机转子总成(驱动端盖、转子、整流器端盖)。

3. 检修

(1) 检查发电机转子总成。

(2) 检查滑环是否变脏或烧蚀的程度，滑环表面应平整光滑。若有轻微烧蚀，则应用"00"号砂纸打磨。

(3) 用布料和毛刷清洁滑环和转子。

(4) 检查滑环之间是否导通。一般使用万用表检查滑环之间是否导通。

(5) 检查滑环和转子间是否绝缘。一般用万用表检查滑环和转子间的绝缘。

(6) 测量滑环。一般用游标卡尺测量滑环的外径，如果测量值超过规定的磨损极限，则应更换转子。

4. 组装与安装

交流发电机拆卸、分解、检修完成以后，需要对发电机进行组装和安装。组装和安装步骤与分解和拆卸顺序相反进行即可。

3.5　充电系统常见故障诊断与排除

充电系统常见故障有蓄电池不充电、充电电流过小、充电电流过大、充电不稳等。故障原因可能是风扇带打滑、发电机故障、调节器故障、磁场继电器故障、充电系统各连接线路断路或短路，以及蓄电池、电流表、充电指示灯、点火开关有故障等。诊断充电系统故障时，应综合考虑整个系统各部分之间的关系，仔细阅读线路图，按照规定的检查步骤逐步缩小范围，最后找出故障所在。

3.5.1　外装调节器式充电系统的故障诊断与排除

1. 蓄电池不充电

1) 故障现象

(1) 发动机中、高速运转时，电流表仍指示放电或充电指示灯不熄灭。

(2) 开前照灯，电流表指示放电。

2) 故障原因

(1) 发电机传动带打滑或断裂、连接线断开或短路。

(2) 电流表损坏或接反、充电指示灯灯丝烧断。

(3) 发电机故障：定子绕组、转子绕组有断路、短路、搭铁；整流二极管烧坏；集电环脏污、电刷磨损过甚等。

(4) 电压调节器调整不当或有故障。

3) 故障诊断与排除

故障诊断与排除流程图如图 3-20 所示。

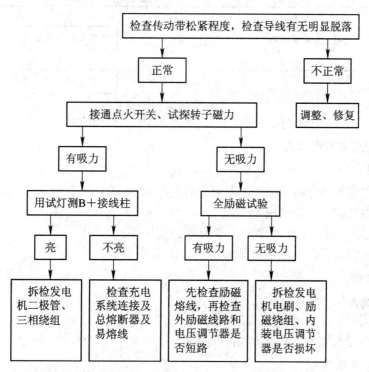

图 3-20 蓄电池不充电故障诊断与排除流程图

2. 蓄电池充电电流过小

1) 故障现象

(1) 蓄电池在亏电情况下，发动机中速以上运转时，电流表指示充电电流过小。

(2) 蓄电池经常存电不足。

(3) 打开前照灯，灯光暗淡，按动电喇叭声音小。

2) 故障原因

(1) 发电机传动带过松、打滑。

(2) 发电机故障：发电机电刷过短、弹簧张力减弱以及集电环油污、烧蚀；个别二极管损坏；定子绕组局部短路或有一相接头断开；励磁绕组局部短路。

(3) 电压调节器有故障。

(4) 线路接触不良。

3) 故障诊断与排除

充电电流过小的故障诊断与排除流程图如图 3-21 所示。

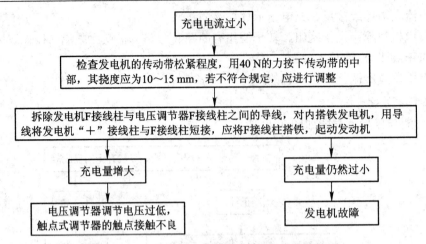

图 3-21　充电电流过小的故障诊断与排除流程图

3. 蓄电池充电电流过大

1) 故障现象

(1) 在蓄电池不亏电的情况下，充电电流仍在 10 A 以上。

(2) 蓄电池电解液损耗过快。

(3) 分电器断电触点经常烧蚀；各种灯泡经常烧坏。

(4) 点火线圈和发电机有过热现象。

2) 故障原因

(1) 发电机和励磁接线柱短路。

(2) 电压调节器调节电压过高或失控。

(3) 蓄电池亏电太多，或蓄电池内部短路。

3) 故障诊断与排除

先检查蓄电池是否严重亏电或内部短路。再仔细检查发电机，将发电机励磁接线柱上的导线取下，看是否仍有充电电流，若有，说明发电机内部电枢接线柱与励磁接线柱短路；若无，则应检查电压调节器调节电压是否过高或失控。外搭铁式发动机 F 接线柱与电压调节器下接线柱间短路也会造成充电电流过大，所以在检查时，应对电压调节器及其连线进行检查。若电压调节器有问题，应更换电压调节器。

4. 蓄电池充电电流不稳

1) 故障现象

发动机在怠速以上速度运转时，出现时而充电，时而不充电，电流表指针不断摆动或充电指示灯时亮时灭现象。

2) 故障原因

(1) 发电机传动带过松、跳动或带轮失圆。

(2) 充电系统连接导线接触不良。

(3) 发电机转子或定子线圈某处出现断路或短路故障，集电环脏污，电刷与集电环接触不良或电刷弹簧过松。

(4) 调节器触点接触不良，励磁电路接触不良。

3) 故障诊断与排除

充电电流不稳故障诊断与排除流程图如图 3-22 所示，可按流程图进行故障诊断与排除。

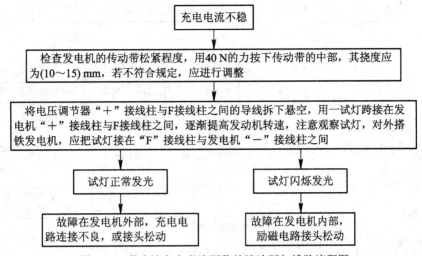

图 3-22 蓄电池充电电流不稳故障诊断与排除流程图

5. 发电机异响故障

1) 故障现象

发电机在运转过程中有异响产生。

2) 故障原因

(1) 发电机装配时不到位，风扇传动带过紧、松动及其表面润滑油膜的厚度不规则。

(2) 发电机轴承损坏，发电机转子与定子相碰。

(3) 电刷磨损过大或电刷与集电环接触角度不当。

3) 故障诊断与排除

先应检查发电机传动带方面的原因，再通过仔细听响声发出的部位来确定故障的确切位置。

3.5.2 整体式交流发电机电源系统的故障诊断与排除

整体式交流发电机的常见故障有不充电或充电电流过小等故障，以上海桑塔纳轿车为例，说明整体式交流发电机电源系统故障的诊断方法。

1. 不充电故障

1) 检查条件

① 发电机传动带的张力是否正常。

② 蓄电池电量是否充足。

③ 发电机的搭铁线接触是否良好。

2) 发电机不充电故障诊断与排除

整体式交流发电机充电系统不充电故障的诊断与排除流程图如图 3-23 所示，可按流程图进行故障诊断与排除。

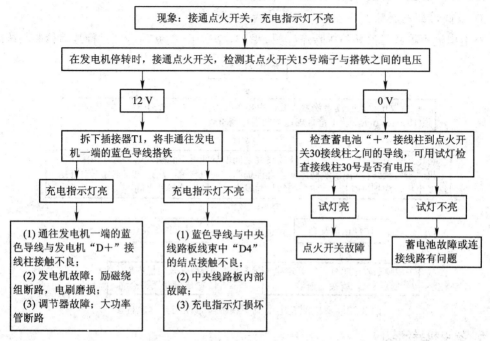

图 3-23　整体式交流发电机充电系统不充电故障的诊断与排除流程图

2. 充电电流过小的故障诊断与排除方法

整体式交流发电机充电系统充电电流过小的故障诊断与排除流程图如图 3-24 所示,可按流程图进行故障诊断与排除。

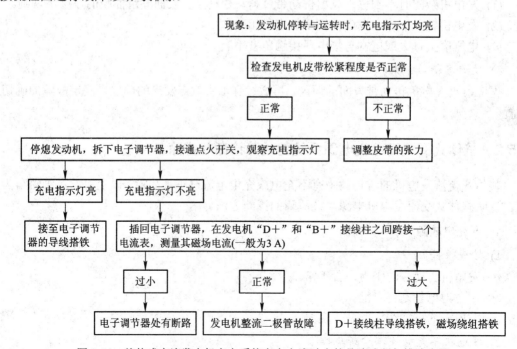

图 3-24　整体式交流发电机充电系统充电电流过小的故障诊断与排除步骤

思考与练习

一、填空题

1. 汽车用交流发电机都是由一台_____和一套_____组成的。

2. 三相同步发电机主要由_____、_____、_____、_____、风扇与带轮等组成。

3. 定子总成的作用是_____，它由_____和_____组成。

4. 转子总成的作用是_____，它由转轴、磁轭、_____、_____和_____等组成。

5. 三相同步交流发电机定子绕组多为_____连接，一般接有_____线。

6. 整流器的作用是将定子绕组产生的_____变为_____电，它由6只_____接成_____电路。

7. 前后端盖采用_____铸造，其主要目的是为了防止_____，同时又可减少发电机_____，且_____性能好。

8. 整流器利用硅二极管的_____，将交流电转换为直流电。

9. 三个正二极管导通的条件是，在某一瞬间_____最高的那个二极管导通。

10. 三个负二极管导通的条件是，在某一瞬间_____最低的那个二极管导通。

11. 九管交流发电机是在普通六管交流发电机的基础上增加了3个小功率_____二极管和1个_____指示灯。

12. 空载特性是指发电机空载时，发电机的_____随_____的变化关系。

13. 从输出特性可以看出，交流发电机具有自身限制_____的能力。

二、判断题(对的打"√"，错的打"×")

1. 外搭铁式交流发电机的两个电刷引线接柱均绝缘。（   ）

2. 交流发电机风扇的作用是工作时进行强制抽风冷却。（   ）

3. 正极二极管的外壳为正极。（   ）

4. 国产CA1092型汽车用交流发电机的整流器为内装式。（   ）

5. 国产交流发电机全部为负极搭铁。（   ）

6. 只有当发电机的转速大于空载转速时，发电机才有能力在额定电压下对外输出电压。（   ）

7. 负载转速是选定发电机与发动机传动比的主要依据。（   ）

8. 可以采用"试火"的办法检查交流发电机是否发电。（   ）

9. 在交流发电机的硅整流器中正二极管的负极为发电机的正极。（   ）

10. 交流发电机中性点N的输出电压为发电机电压的一半。（   ）

11. 内搭铁调节器和外搭铁调节器可以互换使用。（   ）

12. 交流发电机的励磁方法为：先他励，后自励。（   ）

13. 交流发电机的定子绕组通常为Y形接法，整流器为三相桥式整流电路。（   ）

14. 充电指示灯亮就表示起动蓄电池处于放电状态。（　　）

三、问答题

1. 为什么说发电机是汽车的主要电源？
2. 写出 JF152D 型发电机的含义。
3. 为什么交流发电机在开始发电时采取他励方式？
4. 简述交流发电机的主要部件，并说出它们的作用。
5. 简述交流发电机的工作原理。
6. 什么是交流发电机的输出特性、空载特性与外特性？了解这些特性有何指导意义？
7. 交流发电机高速运转时突然失去负载有何危害？
8. 试分析 JFT106 型晶体管调节器的工作原理，并说明各主要电子元器件的作用。
9. 简述充电系统不充电故障的诊断与排除方法。

第四章 起动机结构及检修

4.1 起动机的直流电机特性

4.1.1 起动系统的组成

典型起动系统主要由蓄电池、点火开关、起动线路、起动机等部件组成，如图4-1所示，有些车型在起动系统电路中设置了起动安全开关，在许多较大功率起动机的起动系统电路中，还安装有起动继电器。

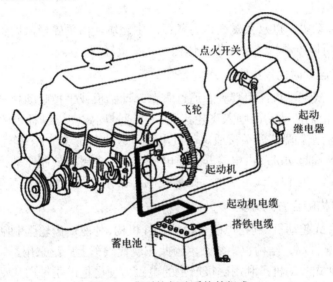

图 4-1 典型的起动系统的组成

1. 蓄电池和电线

蓄电池和电线是为起动机提供电能的部件，多数与起动系统有关的故障都和蓄电池及其相关部件有关。因此，在查找起动系统故障时，应首先检查蓄电池及其相关部件。

2. 点火开关

点火开关是汽车的大部分电气系统的电源分配点，一般的点火开关都有以下5个位置：

ACC(附件)——给汽车的电器附件供电，但不包括发动机控制电路、起动机控制电路和点火系统。

LOCK(锁止)——用机械方式锁住方向盘和变速杆。

OFF(关闭)——切断所有受点火开关控制的电路，但是方向盘和变速杆不锁止。

START(起动)——给发动机控制电路、起动机控制电路和点火系统供电。

ON(打开)或 RUN(运行)——给点火系统发动机控制电路和所有受点火开关控制的电路供电。

3. 起动安全开关

起动安全开关大多在 AT 和许多 MT 车上使用，其作用是防止变速器不在空挡位置时汽车被起动，只有当变速器在空挡位置时，起动安全开关才能闭合。

4. 起动机

起动机是起动系统中的核心部件，它的作用是将来自蓄电池的电能转变成机械能，然后传给发动机飞轮，使发动机开始运转。

4.1.2　起动机的分类

1. 按电动机磁场产生的方式分类

(1) 励磁式起动机：汽车蓄电池通过向励磁绕组通电产生磁场，汽车上的起动机普遍采用直流串励式电动机。

(2) 永磁式起动机：以永久磁铁作为磁极产生磁场，由于磁极采用永磁材料支撑，不需要磁场绕组，所以电动机结构简化、体积小、重量轻。

2. 按起动机起动时的操纵方式分类

(1) 直接操纵式起动机：由驾驶者通过脚踏起动踏板或手拉起动拉杆直接操纵拨叉，使起动机驱动齿轮轴向移动而啮入飞轮齿圈，并通过固定在操纵杆上的顶压螺钉推动推杆，使起动机上的接触盘式开关接通电动机电路，这种方式现在的汽车已很少采用。

(2) 电磁操纵式起动机：由电磁开关通电后产生的电磁力控制驱动齿轮啮入飞轮齿圈和接通电动机电路，这种方式可实现远距离控制，操作方便，在现代汽车上普遍采用。

3. 按传动机构啮合方式分类

(1) 强制啮合式起动机：利用电磁力拉动杠杆机构，使驱动齿轮强制啮入飞轮齿圈，这种起动机工作可靠性高，结构也不复杂，因此在现代汽车上广泛采用。

(2) 电枢移动式起动机：利用磁极产生的电磁力使电枢产生轴向移动，带动固定在电枢轴上的驱动齿轮啮入飞轮齿圈。它的特点是结构比较复杂，主要用于采用大功率发动机的汽车上，如太脱拉 T138、斯柯达 706R 等。

(3) 齿轮移动式起动机：利用电磁开关推动安装在电枢轴孔内的啮合杆，使驱动齿轮啮入飞轮齿圈。其结构也比较复杂，采用这种结构的一般是大功率的起动机。

(4) 减速式起动机：利用电磁吸力推动单向离合器，使驱动齿轮啮入飞轮齿圈。

4.1.3　起动机的型号

根据中华人民共和国行业标准 QC/T73—1993《汽车电气设备产品型号编制方法》规定，起动机的型号编制规则如下：

(1) 产品代号：产品代号用大写字母表示，如 QDJ 表示减速起动机，QDY 表示永磁起动机(包括永磁减速起动机)，J、Y 分别表示"减""永"。

(2) 电压等级：电压等级用一位阿拉伯数字表示，1 代表 12 V，2 代表 24 V。

(3) 功率等级：功率等级含义见表 4-1。例如 QD124，表示额定电压为 12 V、功率为 1～2 kW、第四次设计的起动机。

(4) 设计序号：设计序号用 1～2 位阿拉伯数字表示，表示产品设计的先后顺序。

(5) 变型代号：用汉语拼音大写字母 A、B、C……表示。

表 4-1　起动机功率等级代号

功率等级代号		1	2	3	4	5	6	7	8	9
		变型代号 设计序号 分组代号(功率等级) 分类代号(电压等级) 产品代号(QD、QDJ、QDY表示)								
功率	起动机 减速起动机 永磁起动机	<1	1～2	2～3	3～4	4～5	5～6	6～7	7～8	>8

4.1.4　起动机使用的直流电动机

起动机使用的直流电动机按磁场产生的方式不同分为永磁式电动机和励磁式电动机。根据磁场绕组和电枢绕组的连接方式，励磁式电动机又分为串励式电动机、并励式电动机和复励电动机。在汽车起动机中，由于串励式电动机应用最多，下面主要以串励式电动机为例介绍起动机使用的直流电动机的构造、原理和特性。

直流电动机主要由电枢、磁极、机壳、电刷等组成，如图 4-2 所示。

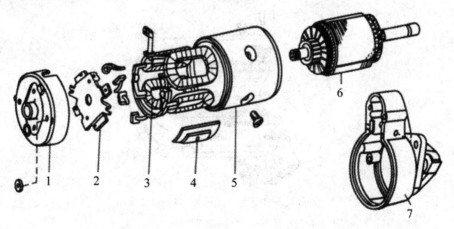

1—前端盖；2—电刷和电刷架；3—磁场绕组；4—磁极铁芯；

5—机壳；6—电枢；7—后端盖

图 4-2　直流起动机的结构

1. 电枢

电枢是直流电动机的旋转部分，由电枢轴、换向器、电枢铁芯、电枢绕组等组成。电枢的结构如图 4-3 所示，它的作用是通入电流后，在磁极磁场的作用下产生电磁转矩。

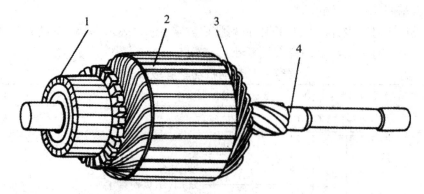

1—换向器；2—电枢铁芯；3—电枢绕组；4—电枢轴

图 4-3　电枢结构图

电枢铁芯用多片互相绝缘的硅钢片叠成，通过内圆花键固定在电枢轴上，外圆槽内绕有电枢绕组。为了得到较大的转矩，流经电枢绕组的电流很大，汽油发动机所用的起动机电流一般为 (200~600) A，柴油发动机所用的起动机电流一般为 (500~1000) A，因此，电枢绕组要采用横截面积较大的矩形裸铜线绕制。

电枢绕组各线圈的端头均焊接在换向器的换向片上，通过换向器和电刷将蓄电池的电流引进来，并适时地改变电枢绕组中电流的方向。换向器由铜质换向片和云母片叠压而成，压装于电枢轴的一端，云母片使换向片间、换向片与轴之间均绝缘。

换向器的结构如图 4-4 所示，它由一定数量的燕尾形铜片组成，并用轴套和压环组装成一个整体，压装在电枢轴上，各铜片之间以及铜片与轴套、压环之间均用云母或硬塑料片绝缘。

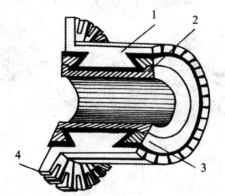

1—铜片；2—轴套；3—压环；4—接线突缘

图 4-4　转向器结构图

2. 磁极

磁极的作用是产生电枢转动时所需的磁场，它由铁芯和磁场绕组构成，并通过螺钉固定在机壳内部，如图 4-5 所示。直流电机一般采用四个磁极，大功率起动机有时采用六个磁极。磁场绕组是用粗扁铜线绕制而成的，与电枢绕组串联。四个励磁绕组的连接方式有两种：一种是四个绕组串联后再与电枢绕组串联；另一种是两个绕组分别串联后再并联，然后与电枢绕组串联，如图 4-6 所示。励磁绕组一端接在外壳的绝缘接线柱上，另一端与两个非搭铁电刷相连。

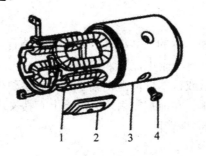

1—磁场绕组；

2—磁极铁芯；

3—电动机外壳；

4—固定螺钉

图 4-5　电动机磁极

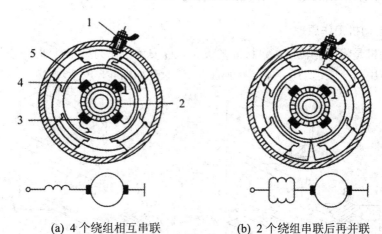

(a) 4 个绕组相互串联　　　　(b) 2 个绕组串联后再并联

1—接线柱；2—换向器；3—负电刷；4—正电刷；5—磁场绕组

图 4-6　磁场绕组的连接方式

3. 电刷组件

电刷组件的功用是将电源电流引入电枢绕组，主要由电刷、电刷架和电刷弹簧组成，如图 4-7 所示。

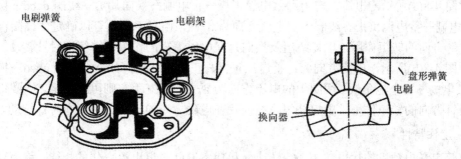

图 4-7　电刷组件

电刷和换向器配合使用，使磁场绕组和电枢绕组的电路连接，并使电枢轴上的电磁力矩保持固定方向。电刷用铜粉与石墨粉压制而成，电刷架固定在电刷端盖上，电刷安装在电刷架内。以四磁极电动机为例说明，其中两个电刷与机壳绝缘，电流通过这两个电刷进入电枢绕组；另外两个为搭铁电刷，电流通过这两个电刷搭铁进入电枢绕组。

4. 机壳

起动机的机壳是电动机的磁极和电枢的安装机体，大多数一端有四个检查窗口，便于进行电刷和换向器的维护。机壳中部有一个电流输入接线柱，并在内部与励磁绕组的一端相连。起动机一般采用青铜石墨轴承或铁基含油滑动轴承。减速起动机由于电枢的转速较高，采用滚柱轴承或滚珠轴承，电刷装在前端盖内，后端盖上有拨叉座，盖口有凸缘和安装螺孔，以及用来拧紧中间轴承板的螺钉孔。

4.1.5 起动机使用的直流电动机的工作原理

1. 直流电动机工作原理

直流电动机是将电能转化成机械能的设备，以安培定律为基础，即通电导体在磁场中受到电磁力作用而产生运动，直流电动机的工作原理如图4-8所示。

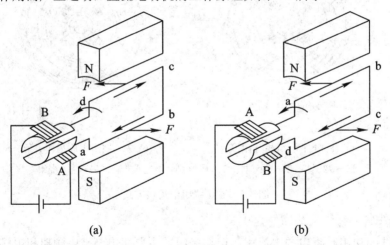

(a)   (b)

图 4-8　直流电动机的工作原理

如图 4-8(a)所示，电流方向为：蓄电池正极→正电刷→换向片 B→线圈 dcba→换向片 A→负电刷→蓄电池负极。线圈中的电流方向为 d→a，由左手定则可以确定，线圈仍然受到逆时针方向的转矩作用，电枢绕组及换向片在电磁力矩的作用下继续逆时针转动。

如图 4-8(b)所示，电流方向为：蓄电池正极→正电刷→换向片 A→线圈 abcd→换向片 B →负电刷→蓄电池负极。线圈中的电流方向为 a→d，由左手定则可以确定，线圈仍然受到逆时针方向的转矩作用，电枢绕组及换向片在电磁力矩的作用下继续逆时针转动。

2. 工作特性

直流串激电动机的输出转矩 M、转速 n 和功率 P 随电枢电流变化的规律，称为直流串激电动机的工作特性。

(1) 转矩特性。在串激电动机中，磁场未饱和时，磁场磁通与电枢电流近似成正比，电动机的电磁力矩与电枢电流的平方成正比；当磁场达到饱和时，电动机的电磁力矩与电枢电流呈线性关系。电动机输出扭矩变化规律与电磁力矩变化规律基本相同，如图 4-9 中的曲线 M 所示。

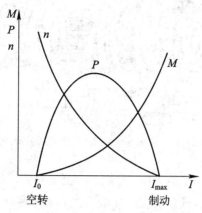

图 4-9 直流串激电动机的工作特性

(2) 转速特性。由于串激电动机磁场未饱和时，磁场磁通与电枢电流近似成正比，即电枢电流越大，磁场磁通越大，所以，串激电动机在电枢电流较小时，电动机的转速随着电枢电流的减小急剧升高；随着电枢电流的增大，电动机的转速迅速减小，如图 4-9 中的曲线 n 所示。

(3) 功率特性。功率特性曲线呈抛物线形状，在电枢电流为制动电流的一半时，电动机输出功率达到最大值；在完全制动时，输出扭矩 M 虽然最大，但是转速 $n = 0$；在空载时，转速 n 虽然很高，但输出扭矩 $M = 0$，所以，电动机的输出功率为零。由于摩擦阻力矩的存在，负载越小差异越大，所以空载时，电枢电流不为零，如图 4-9 中的曲线 P 所示。

4.2 起动机的传动与控制机构

4.2.1 起动机的传动机构

传动机构一般由驱动齿轮、单向离合器、拨叉、啮合弹簧等组成。传动机构的作用是把直流电动机产生的 M 转矩传递给飞轮齿圈，再通过飞轮齿圈把转矩传递给发动机的曲轴，使发动机起动，起动后，飞轮齿圈与驱动齿轮自动打滑脱离。传动机构中，结构和工作情况比较复杂的是单向离合器，它的作用是传递电动机转矩，起动发动机，而在发动机起动后自动打滑，保护起动机电枢不致飞散。常用的单向离合器主要有滚柱式、摩擦片式和弹簧式等几种，分别介绍如下。

1. 滚柱式单向离合器

滚柱式单向离合器的驱动齿轮与外壳制成一体，外壳内装有十字块和 4 套滚柱、压帽和弹簧，十字块与花键套筒固连，壳底与外壳相互扣合密封，构造如图 4-10 所示。

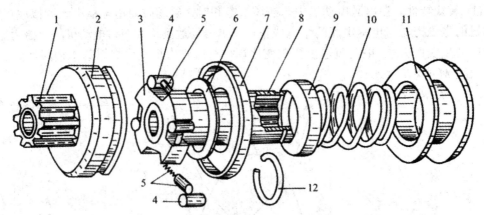

1—驱动齿轮；2—外壳；3—十字块；4—滚柱；5—压帽与弹簧；6—垫圈；7—护盖；
8—花键套筒；9—弹簧座；10—缓冲弹簧；11—移动衬套；12—卡簧

图 4-10　滚柱式单向离合器

在花键套筒外面套有移动衬套及缓冲弹簧，整个单向离合器总成利用花键套筒套在电枢轴的花键上，离合器总成在传动拨叉作用下，可以在轴上轴向移动，也可以随轴转动。

滚柱式单向离合器工作原理如图 4-11 所示。发动机起动时，单向离合器在传动拨叉的作用下沿电枢轴花键轴向移动，使驱动齿轮啮入飞轮齿圈，然后起动机通电，电枢轴通过花键套筒带动十字块一同旋转，这时十字块转速高，外壳转速低，滚柱在摩擦力作用下滚入楔形槽的窄端而越楔越紧，很快使外壳与十字块同步运转，于是电枢承受的电磁力矩由花键套筒和十字块经过滚柱传给外壳和驱动齿轮，带动飞轮转动，起动发动机。

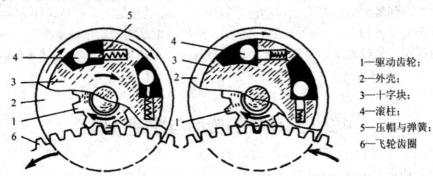

1—驱动齿轮；
2—外壳；
3—十字块；
4—滚柱；
5—压帽与弹簧；
6—飞轮齿圈

图 4-11　滚柱式单向离合器工作原理

发动机起动后，曲轴转速升高，飞轮变成主动件，带动驱动齿轮和外壳旋转，使外壳转速较高，十字块转速较低，滚柱在摩擦力作用下滚入楔形槽的宽端而失去传递扭矩的作用，即打滑，这样发动机的转矩就不能从驱动齿轮传给电枢，从而防止了电枢超速飞散的危险。

滚柱式单向离合器结构简单、坚固耐用、体积小、重量轻、工作可靠，在中、小功率的起动机中得到最为广泛的应用。但其传递转矩受限制，不能用于大功率起动机上。

2. 摩擦片式单向离合器

摩擦片式单向离合器是利用分别与两个零件关联的主动摩擦片和被动摩擦片之间的接触和分离，通过摩擦片实现扭矩传递和打滑，如图 4-12 所示。

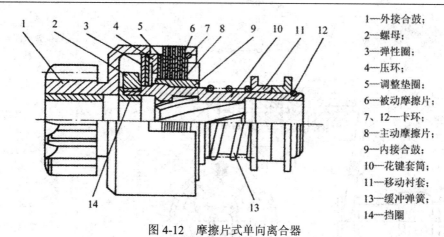

1—外接合鼓；
2—螺母；
3—弹性圈；
4—压环；
5—调整垫圈；
6—被动摩擦片；
7、12—卡环；
8—主动摩擦片；
9—内接合鼓；
10—花键套筒；
11—移动衬套；
13—缓冲弹簧；
14—挡圈

图 4-12　摩擦片式单向离合器

3. 弹簧式单向离合器

弹簧式单向离合器是利用与两个零件关联的扭力弹簧的粗细变化，通过扭力弹簧实现扭矩传递和打滑的，如图 4-13 所示。

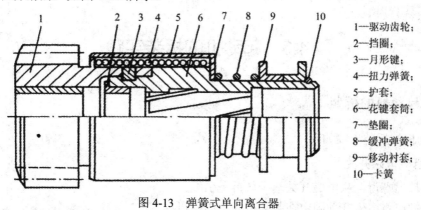

1—驱动齿轮；
2—挡圈；
3—月形键；
4—扭力弹簧；
5—护套；
6—花键套筒；
7—垫圈；
8—缓冲弹簧；
9—移动衬套；
10—卡簧

图 4-13　弹簧式单向离合器

4.2.2　起动机的控制装置

起动机的控制装置通常由主开关、拨叉、操纵元件和回位弹簧等组成，如图 4-14 所示。通过操纵元件和回位弹簧，利用主开关控制起动机主回路的接通和断开；利用拨叉，控制单向离合器，使驱动齿轮进入和退出与飞轮啮合。

电磁式控制装置，俗称电磁开关，结构如图 4-14 中的点划线框内部分所示。当起动发动机时，接通总开关，按下起动按钮，其电流通路为：蓄电池正极→主接线柱 14→电流表→总开关→起动按钮→接线柱 7→(吸引线圈→主接线柱 15→电动机)/(保持线圈)→搭铁→蓄电池负极。主开关接通后，电流通路为：蓄电池+→主接线柱 14→(电流表等→接线柱→保持线圈)/(接触盘→主接线柱 15→电动机)→搭铁→蓄电池负极。当发动机起动后，在松开起动按钮的瞬间，吸引线圈和保持线圈是串联关系，两线圈所产生的磁通方向相反，互相抵消，于是活动铁芯在回位弹簧的作用下迅速回位，驱使驱动齿轮退出啮合，接触盘在其右端小弹簧的作用下脱离接触，主开关断开，切断了起动机的主电路，起动机停止运转。

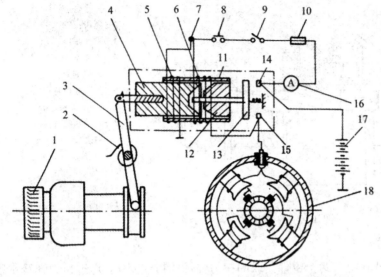

1—驱动齿轮；
2—回位弹簧；
3—拨叉；
4—活动铁芯；
5—保持线圈；
6—吸引线圈；
7—电磁开关接线柱；
8—起动开关；
9—总开关；
10—熔丝；
11—磁轭；
12—铁芯；
13—接触盘；
14、15—触点及接线柱；
16—电流表；
17—蓄电池；
18—电动机

图 4-14　起动机控制装置

4.3　起动机的拆装实践

4.3.1　起动机的拆装

起动机的拆装步骤如下：

1. 拆下电磁开关

(1) 拧出螺母，从电磁开关端子处拆下引线。

(2) 拧出将电磁开关固定在起动机壳上的螺母。

(3) 提起电磁开关，在提起电磁开关前部的同时，从传动杆上松开可动铁芯钩，取出电磁开关。

(4) 拆下可动铁芯罩。

2. 拆下换向器端框架

(1) 从换向器端框架背后拧下螺钉。

(2) 拧下固定在起动机壳上的贯穿螺栓。

(3) 拆下换向器端框架。

3. 拆下电刷和电刷座

(1) 用一节钢丝(或用螺丝起子)，钩开电刷弹簧，分别从电刷座上拆出电刷。

(2) 拆出 4 个电刷后，将电刷架与电枢分离。

(3) 将电枢与励磁线圈架分离。

4. 拆下起动机离合器

(1) 用螺丝起子轻轻撬入止动套圈。

(2) 用螺丝起子撬出弹簧卡环。

(3) 从轴上拆下止动套圈,取出起动机离合器。

(4) 从轴上拆下起动机离合器。

4.3.2　检测项目

1. 转子部分的检修

(1) 转子部分的技术要求。

电枢对其轴心线的径向跳动应不大于 0.15 mm,换向器的椭圆度和对轴颈的不同轴度均应不大于 0.05 mm,修整后铜片的径向厚度应不小于 2 mm。

(2) 转子部分的检修。

检查电枢是否有短路、断路、搭铁等现象,如短路、搭铁现象不严重,可用绝缘纸或竹片加以绝缘或固定,浸漆烘干即可;如有断路现象,故障多在电枢导线与换向器连接之间有脱焊,只要用电烙铁重新焊好即可,电枢的断路,搭铁也可用万用表检查。

2. 定子部分的检修

(1) 用直观法进行检查。

① 线头是否有脱焊,如有应将其焊牢。

② 激磁绕组的链条是否磨断。

③ 转动定子是否有"扫膛现象",如有应将轴校正,或更新衬套,以及端正、紧固磁场铁心位置。

④ 如有绝缘损坏应重新包扎。

(2) 激磁绕组的短路、断路和搭铁检查。

① 检查磁场线圈是否断路,使用欧姆表检查导线和磁场线圈电刷导线之间是否导通。如果不导通,则应更换磁场框架。

② 检查磁场线圈是否接地(绝缘),使用欧姆表检查磁场线圈端部和磁场框架之间是否导通。如果导通,则应修理或更换磁场框架。

3. 电刷和电刷架部分的检修

(1) 电刷的高度不得低于原高度的二分之一,否则要更换新的电刷,新电刷的接触面积应大于 70%,否则要进行研磨。研磨时,可以在换向器的圆周面上,反包一圈"00"号砂布,把电刷装入电刷架,转动电枢,磨至符合要求为止,最后需用压缩空气机将磨屑吹去。

(2) 电刷弹簧压力应符合要求,压力不足应修理或更新。

4. 驱动部分的检修

(1) 检查传动叉总成的技术状况,传动叉是否弯曲变形、折断以及连接松脱。

(2) 检查单向啮合器是否磨损严重,失去调节功能;滚柱式啮合器的活柱是否被卡住;弹簧式啮合器的扭力弹簧是否断损或松脱等。

5. 控制开关部分的检修

(1) 机械式开关应检查接线柱接线盘的绝缘和接触面,是否烧蚀或损坏.接触盘可调整，翻转使用或磨平接触盘的触头，厚度不得小于 1.50 mm，否则应进行铜焊加厚后再锉平、磨光或更新。中央顶杆应运动自如，各回位弹簧性能应符合要求。

(2) 电磁式开关还要通过检查吸引线圈和保位线圈有无短路或断路现象，活动铁芯是否偏离铜套轴线方向和能否运动自如，不适当时应予以调整，修复或重新绕制。

6. 起动机的调整

(1) 起动机经过拆修后，在进行装复时应该满足如下装配要求：

电枢两端轴颈与衬套的配合间隙应为(0.040～0.090) mm，中间轴套与轴颈的配合间隙应为(0.085～0.120) mm。装合后的端隙应为(0.50～0.70) mm。与磁极的间隙应为(0.82～1.80) mm。

(2) 起动机间隙的调整。

① 机械式开关的调整：小齿轮端面与止推线圈之间间隙的调整，将传动叉推至极限位置，小齿轮端面与止推垫圈间的间隙应为(1 ± 0.5) mm，不适当时应调控齿轮行程限位螺钉。

② 电磁式开关的调整小齿轮端面与止推垫圈(即定位螺母)间隙极限为(2 ± 0.5) mm，主电路开关接通的瞬间，此间隙应为(4～5) mm。

4.4　起动系统常见故障诊断与排除

起动系统主要由蓄电池、起动机、继电器、点火开关(或起动开关)、连接导线等组成，其故障包括电气和机械两个方面。常见的故障主要有起动机不转、起动机运转无力以及其他故障等。在诊断与排除故障时，要根据控制电路的不同情况来具体分析，下面以起动继电器的控制电路为例来说明起动系统的故障诊断与排除方法。

4.4.1　起动机不运转的故障诊断与排除

1) 故障现象
起动发动机时，将点火开关转到"起动"挡，起动机不运转。

2) 故障原因
起动机不运转的故障可以归纳为三类，即电源及线路部分故障、起动继电器故障以及起动机故障。

(1) 电源及线路部分的故障。

① 蓄电池严重亏电。

② 蓄电池正、负极桩上的电缆接头松动或接触不良。

③ 控制线路断路。

(2) 起动继电器的故障。

① 继电器线圈绕组烧毁或断路。

② 继电器触点严重烧蚀或触点不能闭合。

(3) 起动机的故障。

① 起动机电磁开关触点严重烧蚀或两触点高度调整不当，从而导致触点表面不在同

一平面内，使触盘不能将两个触点接通。

② 换向器严重烧蚀而导致电刷与换向器接触不良。

③ 电刷弹簧压力过小或电刷卡死在电刷架中。

④ 电刷与励磁绕组断路或电刷搭铁。

⑤ 励磁绕组或电枢绕组有断路、短路或搭铁故障。

⑥ 电枢轴的铜衬套磨损过多，使电枢轴偏离中心或电枢轴弯曲，导致电枢铁芯"扫膛"(即电枢铁芯与磁极发生摩擦或碰撞)。

3) 故障诊断与排除方法

按照故障排除从易到难的一般原则，首先应检查蓄电池储电情况和蓄电池搭铁线、接线的连接是否有松动，然后再进行进一步的检查。

故障诊断与排除程序如下：

(1) 打开前照灯开关或按下喇叭按钮，若灯光较亮或喇叭声音响亮，说明蓄电池储电较足，故障不在蓄电池；若灯光很暗或喇叭声音很小，说明蓄电池容量严重不足；若灯不亮或喇叭不响，说明蓄电池或电源线路有故障，应检查蓄电池接线及搭铁电缆的连接有无松动以及蓄电池储电是否充足。

(2) 若灯亮或喇叭响，说明故障发生在起动机、电磁开关或控制电路。可用螺钉旋具将电磁开关的 30 号端子与 C 端子接通，若起动机不运转，则起动机有故障；若起动机空转正常，说明电磁开关或控制电路有故障。

(3) 诊断起动机故障时，可用螺钉旋具短接 30 号端子与 C 端子时产生火花的强弱来判断。若短接时无火花，说明励磁绕组、电枢绕组或电刷引线等有断路故障；若短接时有强烈火花而起动机不转，说明起动机内部有短路或搭铁故障，需拆下起动机进一步检修。

(4) 诊断电磁开关或控制电路故障时，可用导线将蓄电池正极与电磁开关 50 号端子接通(时间不超过 3～5 s)，如接通时起动机不运转，说明电磁开关故障，应拆下检修或更换电磁开关；如接通时起动机运转正常，说明开关回路或控制回路有断路故障。

(5) 判断是开关回路故障还是控制回路故障时，可以根据是否有起动继电器吸合的响声来判断。若继电器有吸合的响声，说明是开关回路有断路故障；若继电器无吸合的响声，说明是控制回路有断路故障。

(6) 排除线路的断路故障，可用万用表或试灯逐段检查排除。

4.4.2　起动机起动无力的故障诊断与排除

1) 故障现象

将点火开关转至起动挡时，起动机能运转，但功率明显不足，时转时停。

2) 故障原因

(1) 蓄电池储电不足或有短路故障，致使供电能力降低。

(2) 起动机主回路接触电阻增大，使起动机工作电流减小。接触电阻增大的原因包括蓄电池正、负极桩上的电缆紧固不良；起动机电磁开关触点与接触盘烧蚀；电刷与换向器接触不良或换向器烧蚀等。

(3) 起动机励磁绕组或电枢绕组匝间短路使起动机输出功率降低。

(4) 起动机装配过紧或有"扫膛"现象。

(5) 发动机转动阻力矩过大。

3) 故障诊断与排除方法

(1) 检查蓄电池容量(用高率放电计检查),若容量不足,可用容量充足的蓄电池辅助供电的方法加以排除。

(2) 检查蓄电池桩头接线柱及起动电磁开关主触头接线柱有无松动情况,若松动,进行紧固。

(3) 若怀疑是起动机内部故障,可用同型号无故障的起动机替换加以排除。确认是起动机内部故障时,应进一步拆检起动机。

4.4.3　起动机其他故障诊断与排除

起动机其他故障包含起动机空转、驱动齿轮与飞轮齿圈啮合异响、电磁开关异响等故障。

1. 起动机空转的故障诊断与排除

1) 故障现象

起动发动机时,起动机运转且转速很高,响声较大但发动机不运转。

2) 故障原因

单向离合器打滑,不能传递驱动转矩。

3) 排除方法

更换故障单向离合器即可排除故障。

2. 驱动齿轮与飞轮齿圈啮合异响的故障诊断与排除

1) 故障现象

起动发动机时,驱动齿轮不能顺利啮入飞轮齿圈,有齿轮撞击声。

2) 故障原因

(1) 驱动齿轮轮齿或飞轮齿圈轮齿磨损过度,或个别轮齿损坏。

(2) 起动机调整不当,使驱动齿轮端面与端盖凸缘间的距离过小。当驱动齿轮与飞轮齿圈尚未啮合或刚刚啮合时,起动机主电路就已接通,于是驱动齿轮高速旋转与静止的飞轮齿圈啮合而发生撞击声。

3) 排除方法

若是齿轮磨损或个别齿损坏,则更换驱动齿轮、飞轮齿圈;若是起动机位置调整不当,则按要求调整好起动机。

3. 起动机电磁开关异响的故障诊断与排除

1) 故障现象

起动发动机时,电磁开关发出"哒、哒、哒"的响声。

2) 故障原因

(1) 电磁开关保持线圈断路或搭铁不良。

(2) 蓄电池严重亏电或内部短路。

(3) 起动继电器触点断开电压过高。

3) 排除方法

起动发动机时，用万用表检测蓄电池电压不得低于 9.6 V。如电压过低，说明严重亏电或内部短路，应予更换。若蓄电池没有问题，起动发动机时电磁开关仍有"哒、哒、哒"的响声，应拆检电磁开关的保持线圈，看是否断路或搭铁不良。对于个别车型，还有可能是起动继电器断开电压过高，故应检查其断开电压。

4.4.4　典型故障诊断与排除

故障诊断与排除应遵循简单到复杂的原则，以东风 EQ1091 型载货汽车用起动机不转为例，按照下列步骤进行诊断与排除。

(1) 接通点火开关或按下喇叭，若充电指示灯较亮或喇叭声音响亮，说明蓄电池储电充足以及充电线路无故障；在蓄电池工作正常情况下，若充电指示灯不亮或喇叭不响，则说明蓄电池至电流表之间的线路有短路故障。在确定蓄电池和充电线路等状况良好情况下，诊断线路故障部位可用试灯分段检查，将试灯一端搭铁，另一端接起动机进线端。如试灯不亮，说明蓄电池搭铁线或火线端子连接松动；如试灯点亮，说明蓄电池至起动机进线端之间线路良好，故障可能在起动机进线端至电流表之间线路断路。若是解放 CA1091 型载货汽车的话，故障基本上可以确定为 30 A 熔断器断路，把烧坏的熔断器换掉即可排除故障。

(2) 若灯亮或喇叭响，则说明故障在起动机、电磁开关或控制电路，可用螺钉旋具将起动机两接线柱接通，使起动机空转。若起动机不运转，则起动机内部有故障；若起动机空转正常，说明起动机正常，故障出在电磁开关或控制线路，需进一步检查。

(3) 判断电动机故障时，可根据旋具搭接两接触螺钉时火花情况来判断。若接触时无火花，则说明励磁绕组、电枢绕组或电刷引线等有断路故障；若接触时有强烈火花而起动机又不能起动，则说明起动机内部有短路或搭铁故障，必须拆下起动机进一步进行检修。

(4) 为判断电磁开关、起动继电器和控制线路故障，可用导线将起动继电器 B 端子和 S 端子接通 3～5 s。若接通时起动机运转，说明控制线路良好，起动机继电器内部有故障，一般是起动继电器线圈搭铁不良或触点严重烧蚀；若接通 B、S 端子时起动机不运转，说明控制线路断路或电磁开关有故障。

(5) 为了判断是控制线路断路还是电磁开关故障，可用旋具将起动机电磁开关上的进线端子与 50 端子分别接电源。如起动机运转，说明电磁开关和电动机均良好，故障是控制线路断路；若起动机不运转，则故障出在电磁开关，需拆下起动机进一步进行检修。

思 考 与 练 习

一、填空题

1. 直流电动机按励磁方式可分为＿＿＿＿和＿＿＿＿两大类。

2. 起动机起动时间不超过＿＿＿＿ s，若第一次不能起动，应停歇＿＿＿＿ s 再进行第二次起动。

3. 起动机一般由_____、_____、_____三大部分组成。

4. 常见的起动机单向离合器主要有_____、_____、_____三种形式。

5. 起动机操纵机构也叫"控制机构"，其作用是_____。

6. 起动机的减速机构常见的有_____、_____、_____三种。

7. 起动机的转速特性是指_____。

8. 起动控制电路的主要功能是_____、_____、_____。

二、选择题

1. 为了减小电火花，电刷与换向器之间的接触面积应在(　　)以上，否则应进行修磨。

A. 50%　　　　　　　B. 65%　　　　　　　C. 75%　　　　　　　D. 80%

2. 电刷的高度，不应低于新电刷高度的(　　)，电刷在电刷架内应活动自如，无卡滞现象。

A. 1/2　　　　　　　B. 3/4　　　　　　　C. 2/3　　　　　　　D. 4/5

3. 常见的起动机驱动小齿轮与飞轮的啮合靠(　　)强制拨动完成。

A. 拨叉　　　　　　　B. 离合器　　　　　　C. 轴承　　　　　　　D. 齿轮

三、判断题(对的打"√"，错的打"×")

1. 直流串激式电动机,在磁场绕组的磁路未饱和时,其转矩与电枢电流的平方成正比。(　　)

2. 起动机的最大输出率即为起动机的额定功率。(　　)

3. 对功率较大的起动机可在轻载或空载下运行。(　　)

4. 驱动小齿轮与止推垫圈之间的间隙大小视不同的起动机型号而稍有出入。(　　)

5. 判断起动机电磁开关中吸引线圈和保持线圈是否已损坏，应以通电情况下看其能否有力地吸动活动铁芯为准。(　　)

6. 发动机在起动时需要的转矩较大，而起动机所能产生的最大转矩只有它的几分之一，因此，在结构上就采用了通过小齿轮带动大齿轮来增大转矩的方法来解决。(　　)

7. 单向滚柱式啮合器的外壳与十字块之间的间隙是宽窄不等的。(　　)

8. 起动机开关断开而停止工作时，继电器的触点张开，保持线圈的电路便改道，经吸引线圈、电动机开关回到蓄电池的正极。(　　)

9. 起动机电磁开关保持线圈断路时，在起动过程中电磁开关会出现反复的咔嗒声。(　　)

10. 起动机空载测试时，转速过高，耗电过大，表明电枢绕组有短路故障。(　　)

四、问答题

1. 起动机的作用是什么？

2. 起动机由哪几部分组成？每一部分的作用分别是什么？

3. 起动机单向离合器有哪几种？

4. 简述起动机的工作过程。

5. 汽车发动机对起动机传动机构有哪些要求？

6. 影响起动机功率的使用因素有哪些？

7. 起动机起动运转无力的原因有哪些？

8. 起动机不转的故障是哪些原因引起的？怎样判断与排除？

第五章 点火系统结构及检修

5.1 传统点火系统

5.1.1 点火系统的作用与要求

1. 点火系统的作用

点火系统简称点火系，其作用是将蓄电池或发电机提供的低电压变为高电压，按照发动机的工作顺序和点火时间的要求，适时、准确地将高电压分配给各缸火花塞，点燃气缸内的可燃混合气体。

2. 点火系统的要求

(1) 有足够高的击穿电压。点火系统应能迅速及时地产生足以击穿火花塞电极间隙的高电压，使火花塞电极之间产生火花的电压称为击穿电压。影响击穿电压的因素有火花塞电极间隙、气缸内混合气体的压力与温度、电极的温度与极性。发动机正常工作时击穿电压一般均在 15 kV 以上，发动机在满载低速时击穿电压为 $(8\sim10)$ kV，起动时击穿电压为 19 kV，考虑各种不利因素的影响，通常点火系统的设计电压为 30 kV。

(2) 火花应具有足够的能量。发动机正常工作时，由于混合气体压缩后的温度接近其自燃温度，仅需要 $(1\sim5)$ mJ 的火花能量。但在混合气过浓或是过稀时，发动机起动、怠速或节气门急剧打开时，则需要较高的火花能量。随着现代汽车对经济性和排气净化等要求的提高，也需要提高火花能量。电子点火系一般应具有 $(80\sim100)$ mJ 的火花能量，发动机起动时应产生高于 100 mJ 的能量。

(3) 点火时刻应适应发动机的工作情况。点火系统应能根据发动机各种工况提供最佳的点火时刻。发动机的温度、负荷、转速和燃油品质等，都直接影响混合气体的燃烧速度。点火系统必须能适应上述情况的变化，并实现最佳点火时刻的变化。

5.1.2 传统点火系统的组成及作用

传统点火系统的组成如图 5-1 所示，主要由蓄电池、点火开关、点火信号发生器、点火控制器、点火线圈、配电器(分火头和分电器盖)、火花塞、高低压导线等部件组成。

蓄电池或发电机主要为点火系统提供 12 V 的低压电能；点火开关主要是接通或断开点火系统的低压电路；点火线圈主要用来存储点火能量，并将蓄电池或发电机的低压电转变为 20 kV 的高压点火电压；分电器由断电器、配电器及点火提前机构组成，断电器的作用是接通或切断点火线圈初级回路，配电器的作用是配送高压电，点火提前机构的作用是随发动机转速、负荷和汽油辛烷值变化调节点火提前角；火花塞是将点火高压引入气缸燃烧室，并在电极间产生电火花，点燃混合气体。

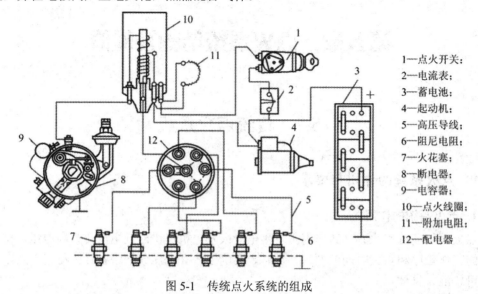

1—点火开关；
2—电流表；
3—蓄电池；
4—起动机；
5—高压导线；
6—阻尼电阻；
7—火花塞；
8—断电器；
9—电容器；
10—点火线圈；
11—附加电阻；
12—配电器

图 5-1 传统点火系统的组成

5.1.3 传统点火系统的工作原理

传统点火系统的工作原理如图 5-2 所示。

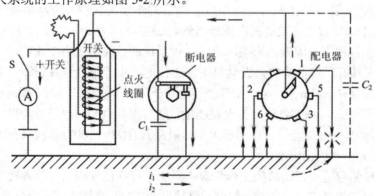

图 5-2 传统点火系统的工作原理

发动机工作时，由发动机凸轮轴驱动分电器轴，分电器上的凸轮使断电器触点交替地闭合和打开。当触点闭合时，接通点火线圈初级绕组的电路，低压电路中初级电流 i_1 的回路为：蓄电池正极→电流表→点火开关 SW→点火线圈"+"开关接线柱→附加电阻→开关接线柱→点火线圈初级绕组→点火线圈"–"接线柱→断电器触点→搭铁→蓄电池负极。

由于初级线圈通电产生磁场，当触点打开时，切断点火线圈初级绕组的电路，使点火线圈的次级绕组中产生高压电。次级线圈中高压电流 i_2 的回路为：次级绕组→点火线圈开关接线柱→附加电阻→点火线圈"+"开关接线柱→点火开关 S→电流表→蓄电池→搭铁→火花塞侧电极→中心电极配电器旁电极→分火头→中央电极→次级绕组，经火花塞的电极产生电火花，点燃混合气体。其工作过程可分为三个阶段，如图 5-3 所示。

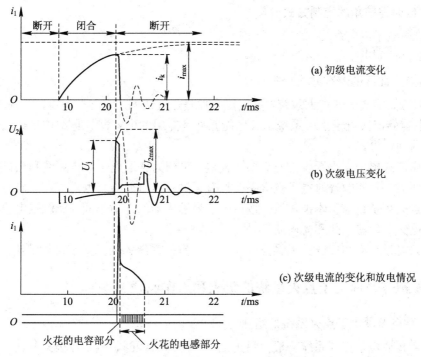

图 5-3　传统点火系统工作过程波形图

(1) 触点闭合，初级电流逐步增长，如图 5-3(a)所示。

(2) 触点断开，次级绕组中产生高压电，如图 5-3(b)所示。

(3) 火花塞电极间隙被击穿，产生电火花，点燃可燃混合气体，如图 5-3(c)所示。

分电器轴每转一圈，各缸按点火顺序轮流点火一次。发动机工作时，上述过程周而复始地重复，若要停止发动机的工作，只要断开点火开关，切断电源电路即可。

5.2　现代点火系统结构与原理

5.2.1　电子点火系统的分类

目前，国内外正在应用或研制的汽车电子点火系统的种类较多，大致可以分为以下几种类型。

1. 按接控制点火线圈初级电流的电子元件分类

(1) 晶体管点火系统。

(2) 晶闸管点火系统。

(3) 集成电路点火系统。

2. 按点火系统有无触点分类

(1) 触点式电子点火系统，又称半导体管或晶体管辅助点火系统。

(2) 无触点电子点火系统，又称全晶体管点火系统。

3. 按点火提前角的控制方式分类

(1) 普通电子点火系统。

(2) 微机控制电子点火系统。

4. 按点火能量的储存方式分类

(1) 电感储能式电子点火系统，其储能元件是点火线圈。它结构简单，得到广泛应用。

(2) 电容储能式电子点火系统，其储能元件是专用的电容器。它结构复杂，仅应用在少数高速发动机上。

电感储能式电子点火系统按有无微机控制，可分为普通电子点火系统和微机控制电子点火系统两类。早期的普通电子点火系统按有无触点，可分为有触点式和无触点式，而有触点电子点火系统目前基本被淘汰；按点火信号发生器的性质不同，无触点电子点火系统又可分为电磁式、霍尔式和光电式三种。

本节只对目前应用广泛的无触点式普通电子点火系统的相关知识进行阐述。

5.2.2 无触点普通电子点火系统的组成和工作原理

1. 无触点普通电子点火系统的组成

无触点普通电子点火系统一般由蓄电池、专用点火线圈、电子点火控制器、磁感应式分电器、火花塞等组成，如图 5-4 所示。其中，磁感应式分电器主要由磁感应式点火信号发生器、配电器和点火提前调节装置组成。配电器和点火提前调节装置与传统分电器类似，信号发生器分为霍尔效应式、磁感应式、光电式等。

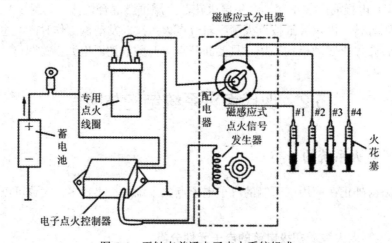

图 5-4　无触点普通电子点火系统组成

无触点普通电子点火系统的基本工作原理如图 5-5 所示。转动的分电器根据发动机作功的需要，使点火信号发生器产生某种形式的电压信号(有模拟信号和数字信号两种)，该电压信号经电子点火器大功率晶体管前置电路的放大、整形等处理后，控制串联于点火线圈初级回路中的大功率晶体管的导通和截止。大功率晶体管导通时，点火线圈初级电路为通路，点火系统进行储能；大功率晶体管截止时，点火线圈初级电路为断路，次级绕组便产生高电压。

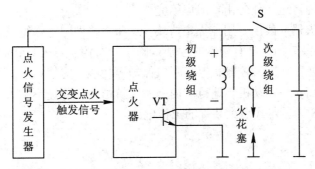

图 5-5　无触点普通电子点火系统的基本工作原理

因光电式电子点火系统在我国应用较少，在此不予介绍。下面将按霍尔效应式、磁脉冲式两种不同的点火信号来阐述普通电子点火系统的工作过程。

2. 霍尔效应式电子点火装置工作过程

霍尔效应原理如图 5-6 所示，当电流 I 通过放在磁场中的半导体基片(即霍尔元件)，且电流方向与磁场方向垂直时，在垂直于电流和磁场的半导体基片的横向侧面上将产生一个电压 U_H(通常称之为霍尔电压)，霍尔电压 U_H 的高低与通过的电流和磁感应强度成正比。

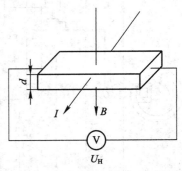

图 5-6　霍尔效应原理

霍尔信号发生器正是利用霍尔效应来产生点火信号的，霍尔式信号发生器的结构组成如图 5-7(a)所示，其工作原理如图 5-7(b)、图 5-7(c)所示。

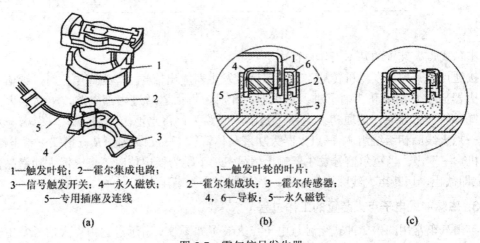

1—触发叶轮；2—霍尔集成电路；
3—信号触发开关；4—永久磁铁；
5—专用插座及连线

1—触发叶轮的叶片；
2—霍尔集成块；3—霍尔传感器；
4，6—导板；5—永久磁铁

(a)　　　　　　　　　(b)　　　　　　　　　(c)

图 5-7　霍尔信号发生器

在与分火头制成一体的触发叶轮的四周，均匀分布着与发动机气缸数相同的缺口。当触发叶轮由分电器轴带着转动，转到触发叶轮的本体(没有缺口的地方)对着装有霍尔集成块的地方时(叶片在飞隙内)，霍尔集成块的磁路被触发叶轮短路，此时霍尔集成块中没有磁场通过，不会产生霍尔电压；当触发叶轮转到其缺口对着装有霍尔集成块的地方时(叶片不在气隙内)，永久磁铁所产生的磁场在导板的引导下，垂直穿过通电的霍尔集成块，于是在霍尔集成块的横向侧面产生一个霍尔电压 U_H，但这个霍尔电压是毫伏级，信号很微弱，还需要进行信号处理，这一任务由集成电路完成。

霍尔式电子点火器一般由专用点火集成块 IC 和一些外围电路组成，工作原理比较接近微机控制的点火系统(但还是有根本的区别)。除了具有控制点火线圈初级电流的通断外，还具有其他辅助控制，如限流控制、停车断电保护等功能。这使该点火系统具有更多的优越性，如点火能量高、在发动机转速范围内基本保持恒定、高速不断火、低速耗能少以及起动可靠等。图 5-8 为霍尔式点火装置的工作电路。

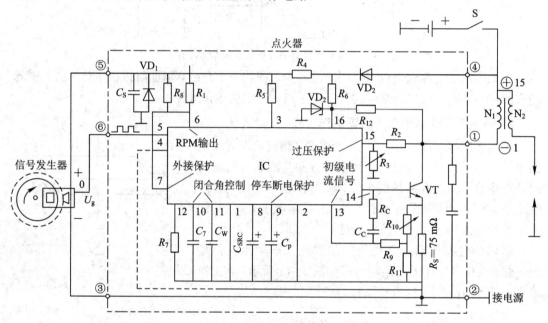

图 5-8　霍尔式点火装置的工作电路

霍尔式点火装置的基本工作过程如下：

接通点火开关，发动机转动，当霍尔信号发生器输出信号 U_g 为高电位时，该信号通过点火器插座 6 端子和 3 端子进入点火器。此时，点火器通过内部电路，驱动点火器大功率晶体管 VT 导通，接通初级电路。其电流回路为：蓄电池(或发电机)"+"极→点火开关→点火线圈初级绕组 N_1→点火器大功率晶体管 VT→反馈电阻 R_s→搭铁→蓄电池(或发电机)"−"极。当霍尔信号发生器输出信号 U_g 下跳为低电位时，点火器大功率晶体管 VT 立即截止，切断点火线圈初级电路，次级绕组产生高压电。

3. 磁脉冲式电子点火装置的工作过程

丰田汽车常用的磁脉冲式无触点电子点火装置如图 5-9 所示，它由点火信号发生器、电子点火器、分电器、点火线圈、火花塞等组成。

1) **磁脉冲式点火信号发生器的工作过程**

接通点火开关时，蓄电池的电压使 VT_1 导通，其直流电流回路为：蓄电池(或发电机)正极→点火开关→R_3→R_1→VT_1→信号发生器线圈→搭铁→蓄电池(或发电机)负极。当点火信号发生器产生正向脉冲时，信号电压与 VT_1 的正向电压降叠加后，高于 VT_2 的导通电压，VT_2 导通。VT_2 的导通使 VT_3 的基极电位下降而截止，VT_3 的截止使 VT_4 的基极电位上升而导通，VT_5 也因 R_7 的正向偏置而导通。于是初级电流回路为：蓄电池(或发电机)正极→

点火开关→点火线圈附加电阻 R_f→点火线圈初级绕组→VT_5→搭铁→蓄电池(或发电机)负极，点火线圈进行储能。

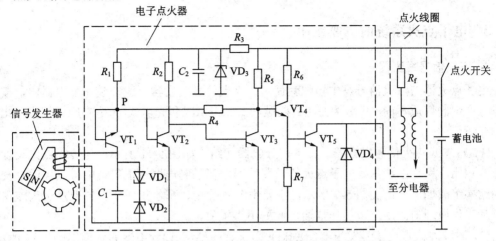

图 5-9　丰田汽车常用的磁脉冲式无触点电子点火装置

当点火信号发生器产生反向脉冲时，信号电压与 VT_1 的正向电压降叠加后，使 VT_2 的基极电位降低，VT_2 截止。VT_2 的截止使 VT_3 的基极电位上升而导通，VT_3 的导通使 VT_4 的基极电位下降而截止，则晶体管 VT_5 没有正向偏置电压而截止，于是初级绕组电流被切断，在次级绕组中产生高压，经配电器按点火次序分配到各缸火花塞点火，点燃可燃混合气体使发动机作功。

2) 磁脉冲式点火信号发生器的工作原理

信号转子上有与发动机的气缸数相同的凸齿，永久磁铁的磁通经信号转子凸齿、线圈铁芯构成回路。当信号转子由分电器轴带动旋转时，转子凸齿与线圈铁芯间的空气间隙将发生变化，磁路的磁阻随之改变，使通过线圈的磁通量发生变化，因而在线圈内感应出交变电动势，如图 5-10 所示。

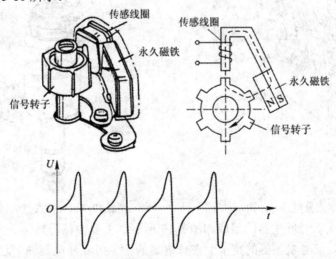

图 5-10　磁脉冲式点火信号发生器工作原理图

磁脉冲式点火信号发生器点火信号电压的大小具有随发动机转速的变化而变化的特

点。发动机转速升高时，点火信号发生器磁路的磁阻变化速率提高，相应磁通量的变化速率也提高，则传感线圈产生的信号电压也就随之增大。

5.2.3 电子点火系统的主要元件

1. 点火信号发生器

电子点火器与点火信号发生器配套使用，点火信号发生器一般安装在分电器内，按点火信号产生的性质不同，可分为三类：磁脉冲式、霍尔式和光电式(光电式应用较少，此处不作介绍)。

(1) 霍尔式点火信号发生器。霍尔式分电器的结构如图 5-11 所示，与传统点火装置的分电器相比，只是由霍尔式电子点火信号发生器取代了断电器。霍尔式电子点火信号发生器的结构组成如本章前面图 5-7 所示，主要由触发叶轮、霍尔集成块、导板及永久磁铁构成，其工作原理前面的章节已作描述，此处不再重复。

(2) 磁脉冲式点火信号发生器。磁脉冲式(又称磁感应式)分电器的结构如图 5-12 所示，与传统的分电器相比，只是由磁脉冲式点火信号发生器取代了断电器，并取消了电容器。

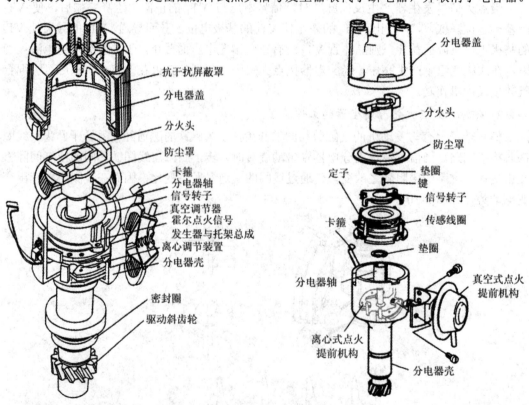

图 5-11　霍尔式分电器的结构　　　　图 5-12　磁脉冲式点火信号发生器结构

磁脉冲式点火信号发生器的组成如图 5-13 所示，主要由信号转子、传感线圈、定子、永久磁铁等组成。信号发生器的定子套在分电器的轴上可随分电器轴一起转动，定子与永久磁铁构成一定的磁场与磁路，当信号转子转到与定子对齐时，磁路被接通并形成闭合的磁路，磁场增强，当信号转子转离定子时，磁路被切断，磁场减弱，于是在感应线圈中产生交变的电压信号并输出。

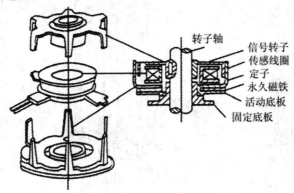

图 5-13　磁感应式点火信号发生器的组成

2. 电子点火器

电子点火器是电子点火系统的核心部件，其功能是控制点火线圈初级电路的接通与切断。大多数点火器还有限流控制、导通控制、停车断电控制和过电压保护控制等功能。

(1) 霍尔效应式电子点火器是与霍尔效应式点火信号发生器相匹配的电子点火器，一般由专用点火集成块和一些外围电路组成。该点火器除具有一般汽车点火器的开关功能(即接通和切断初级电路)外，还具有许多其他功能。

(2) 电磁感应式电子点火器，解放 CA1092 型载货汽车即采用电磁感应式电子点火器，工作原理同前节所述，此处不再重复。

3. 配电器

配电器安装在断电器的上方，它由胶木制的分电器盖和分火头组成。分电器盖的中央有一高压线插孔(也称中央电极，其内装有带弹簧的炭柱，压在分火头的导电片上)。分电器盖的四周均匀分布着与发动机气缸数相等的旁电极(各缸高压线插孔)，可通过分缸高压线与各气缸火花塞相连。

4. 点火线圈

点火线圈按磁路结构特点可分为开磁路和闭磁路两种类型。有触点点火系统广泛使用的是开磁路点火线圈，而闭磁路点火线圈多用于高能无触点点火系统。

1) 开磁路点火线圈

开磁路式点火线圈的结构如图 5-14 所示。根据低压接线柱的数目不同，点火线圈又分为二接线柱式与三接线柱式，两者的主要区别是三接线柱式的外壳上装有附加电阻。为了固定该电阻，故增加了低压接线柱，附加电阻则接在"开关"接线柱和"+"接线柱上。

附加电阻可根据发动机的转速自动调节初级电流，可以明显改善点火系统的工作特性。值得注意的是，附加电阻也可制成一根专用电阻线，串接在点火开关与点火线圈之间。如东风 1090 型汽车装用的 DQ125 型点火线圈为二接线柱式，本身不带附加电阻。但其接线柱的导线接至分电器接线柱，而"+"接线柱引出两根导线，其中一根蓝色导线接至起动机电磁开关的附加电阻短路接线柱上，另一根白色导线接至点火开关。这根白色导线则为附加电阻线，阻值为 1.70 Ω，相当于三接线柱的附加电阻。两根线的用处不同，不可混装、漏装。

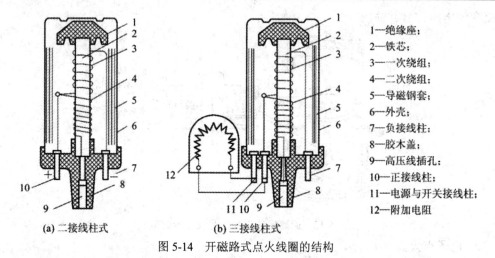

1—绝缘座；
2—铁芯；
3—一次绕组；
4—二次绕组；
5—导磁钢套；
6—外壳；
7—负接线柱；
8—胶木盖；
9—高压线插孔；
10—正接线柱；
11—电源与开关接线柱；
12—附加电阻

(a) 二接线柱式　　　　　　(b) 三接线柱式

图 5-14　开磁路式点火线圈的结构

2) 闭磁路点火线圈

在闭磁路点火线圈中，由硅钢片叠成口字形或日字形的铁芯，初级绕组在铁芯中产生的磁通可形成闭合回路。其优点是漏磁少、磁路的磁阻小，能量损失小，能量转换率可高达 75%(开磁路点火线圈只有 60%)。其次，体积小，可直接装在分电器上，不仅结构紧凑，并可有效地降低次级电容 C_2，故在无触点式点火系统中被广泛采用。

5. 点火提前机构

分电器上装有随发动机转速和负荷的变化而自动改变点火提前角的离心提前机构和真空提前机构，在其他使用因素变化时，可适当地进行手动调节。

1) 离心提前机构

离心提前机构通常安装在断电器底板的下方，结构如图 5-15 所示。当发动机的转速升高时，在离心力的作用下，重块克服弹簧拉力向外甩出。其上的销钉推动拨板(凸轮)沿旋转方向相对分电器轴朝前转过一个角度，使凸轮提前顶开触点，点火提前角增大；转速降低时，重块在弹簧力的作用下收回，使点火提前角自动减小。

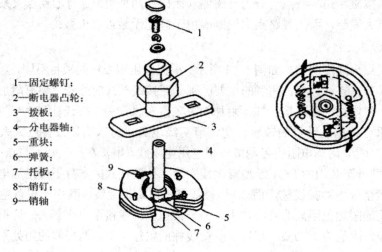

1—固定螺钉；
2—断电器凸轮；
3—拨板；
4—分电器轴；
5—重块；
6—弹簧；
7—托板；
8—销钉；
9—销轴

图 5-15　离心提前机构

有一些点火离心提前装置装有弹力不同的两组弹簧,低速范围内只有细弹簧起作用,点火提前角增大得较快;在高速范围内,粗细两根弹簧同时起作用,故点火提前角的增加比较平缓,使之更加符合发动机的要求。

2) 真空点火提前机构

真空提前机构装在分电器的外侧,内部构造如图5-16所示,主要由膜片、弹簧、拉杆、活动底板、触点等组成。调节器内的膜片一侧通大气,另一侧与节气门下方的小孔相通;拉杆一端与膜片相连,另一端则与分电器活动底板或外壳相连。

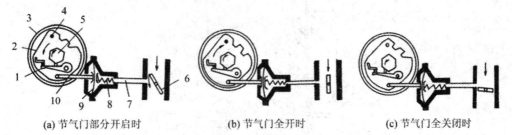

(a) 节气门部分开启时　　　(b) 节气门全开时　　　(c) 节气门全关闭时

1—触点副;2—活动板底;3—分电器外壳;4—销轴;5—凸轮;6—节气门;7—真空连接管;
8—弹簧;9—膜片;10—拉杆

图 5-16　真空点火提前机构

发动机小负荷时,节气门开度小,由于进气歧管的真空度较大,膜片两侧形成压力差,使膜片克服弹簧力向右拱曲,拉杆拉着活动底板或分电器外壳,连同触点逆凸轮旋转方向相对分电器轴朝后转过一定角度,使触点提前顶开,使点火提前角增大;当大负荷时,进气歧管的真空度小,膜片在弹簧力的作用下向左拱曲,使点火提前角自动减小;发动机起动或怠速时,节气门几乎关闭,膜片两侧的压力几乎相等,膜片在弹簧力的作用下使点火提前角最小或者不提前。

为了净化汽车排放的尾气,国外一些厂家在真空提前机构上增加了一些附属装置,其中包括点火延迟(维持)阀、双膜片装置及双真空装置。利用适当延迟点火,来降低排放气体中的 HC 和 NO_x 的排量,如天津大发、夏利 T7100 型汽车配用的分电器便采用了双膜片真空提前机构。

6. 火花塞

1) 火花塞的构造

火花塞的结构如图5-17所示,在钢质的壳体内固定有高氧化铝陶瓷绝缘体,绝缘体中心孔的上部装有金属杆,杆的上端有接线螺母,可接高压线;中心孔的下部装有中心电极,金属杆与中心电极之间利用导电玻璃密封。铜制内垫圈起密封和导热作用。壳体的上部有便于拆装的六角平面,下部有螺纹以备安装,壳体的下端固定有弯曲的侧电极、垫圈以保证火花塞的密封。火花塞的间隙多为(0.6~0.7) mm,当采用无触点点火系统时,间隙可增至(1.0~1.2) mm。

2) 火花塞的热特性

发动机工作时,火花塞裙部直接与高压、高温燃气接触,导致裙部温度升高,同时,通过热传递方式将这部分热量经缸体或空气散发。在火花塞吸收的热量和散出的热量达到一定的平衡时,可使火花塞的各个部分保持一定的温度。实践证明,火花塞绝缘体裙部保持在 500℃～600℃时，落在绝缘体上的油滴能立即烧去而不会形成积炭，这个不形成积炭的温度称为火花塞自净温度；低于这个温度时，火花塞可因冷积炭引起漏电，导致不能点火；高于这个温度时，则当混合气与炽热的绝缘体接触时，可引起早燃或爆燃，甚至在进气行程中引起燃烧，产生回火现象。

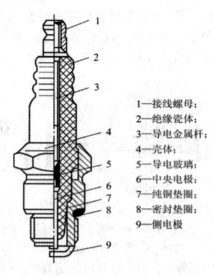

1—接线螺母；
2—绝缘瓷体；
3—导电金属杆；
4—壳体；
5—导电玻璃；
6—中央电极；
7—纯铜垫圈；
8—密封垫圈；
9—侧电极

图 5-17　火花塞的结构

火花塞的热特性是用来表征火花塞受热能力的物理量，主要取决于绝缘体裙部的长度。绝缘体裙部长的火花塞，其受热面积大、传热路径长、散热困难，则裙部的温度较高，称为热型火花塞；反之，裙部短的火花塞，吸热面积小、传热路径短、散热容易，则裙部的温度低，称为冷型火花塞。热型火花塞适用于低速、低压缩比的小功率发动机；冷型火花塞则适用于高速、高压缩比的大功率发动机。

火花塞的热特性常用热值或炽热数来标定，我国是以火花塞绝缘体的裙部长度来标定的，并以 1～11 的阿拉伯数字作为热值代号。其中，1、2、3 为低热值火花塞；4、5、6 为中热值火花塞；7、8、9 及以上为高热值火花塞。热值数越高，表示散热性越好，因而，小数字为热型火花塞，大数字为冷型火花塞。

火花塞热值是根据发动机及汽车设计、试验结果而确定的，对于同一型号的汽车，遇到的工况可能会有所不同。如作为市内运输的车辆，发动机长期在低速、小负荷工况下运行，而用于长途运输的同一型号的汽车，发动机却长期在高速、大负荷下运转。故选用的火花塞的热值要有所不同，应视具体情况而定。火花塞的热特性选用是否合适，其判断方法是：若火花塞经常由于积炭而导致断火，表示它太冷，即热值过高；若经常发生炽热点火，则表示火花塞的热值选用过低。热值选择不合适时，原则上应选用比原标定值高一级或低一级的火花塞。

5.3　点火系统常见故障诊断与排除

对于不同型号的汽车，其电子点火系统的电路、工作原理差异较大，因此产生故障的部件和原因也不尽相同，诊断故障的方法自然区别较大，现就一般规律简述如下。

1. 直观检查

仔细检查接线、插接件是否可靠，电线有无老化与破损，蓄电池的技术状况是否良好。

2. 判断故障在低压电路还是在高压电路

判断方法与传统点火系基本相同。采用高压跳火法检查时从分电器盖上拔出中央高压线，使其端头离缸体(4～6) mm，然后接通点火开关，摇转曲轴，观察跳火情况。

(1) 跳火正常，表明点火线圈输出的低压电路正常，故障在高压电路。高压电路的故障诊断与传统方法完全相同。

(2) 无火花，为低压电路故障。此时应分别检查点火信号发生器、电子组件和高能点火线圈。

3. 点火信号发生器

(1) 检查转子凸齿与定子铁芯或凸齿之间的气隙。

(2) 检查传感器线圈电阻，并与标准值比较。电阻值若无穷大，则传感器线圈断路；电阻值若较小，则传感器线圈匝间短路。

(3) 检查传感器的输出信号电压，并与标准值(一般为(1～1.5) V)比较，偏低或为零，则传感器有故障。

4. 点火控制器(开关放大器或信号放大器)

(1) 检测点火控制器的输入电压值，并与标准值比较，当差值较大时应检查插接器、屏蔽线和各级晶体管工作状况。

(2) 霍尔效应式点火控制器可用电压表检测控制组件，将各测试点的电压读数与厂家规定值比较，判断其故障。也可用万用表测量初级绕组两端的电压，闭合点火开关，电压表的读数约为(5～6) V，并在几秒内迅速降到 0 则表明霍尔效应式点火控制器工作正常；如果电压不降，则表明霍尔效应式点火控制器有故障。

5. 点火线圈

点火线圈的检查主要是用万用表测量初级绕组和次级绕组的电阻值，并根据其大小判断是否短路、断路。必要时应上实验台复检。

思 考 与 练 习

一、判断题(对的打"√"，错的打"×")

1. 传统点火系统主要由分电器、点火线圈、火花塞、点火开关、电源等组成。(　　)
2. 分电器总成包括断电器、分火头、电容器和点火提前装置等组成。(　　)
3. 点火线圈有两接线柱和三接线柱之分，二者的主要区别在于有无附加电阻。(　　)
4. 火花塞的裙部越长，其工作时的温度就越低。(　　)
5. 点火线圈的附加电阻在发动机低速运转时电阻小，高速运转时电阻大。(　　)
6. 点火提前角随着发动机的转速提高而增大，随着发动机的负荷增大而增大。(　　)

7. 电容器与触点串联，它的作用是保护触点和提高二次电压。（　　）

8. 传统点火装置起动时的点火能量应比正常运转时的点火能量增大一倍。（　　）

9. 能使混合气体燃烧产生的最大气缸压力出现在压缩上止点后 10°～15°的点火时刻为最佳点火时刻。（　　）

10. 闭磁路点火线圈的磁阻较小，漏磁较少，能量转换效率高。（　　）

11. 怠速时，真空点火提前装置使点火提前角增到最大值。（　　）

12. 高压阻尼电阻常设在高压线、火花塞、分火头上。（　　）

13. 点火波形中火花线过分倾斜，说明次级回路电阻过大，应拆去高压线阻尼电阻。（　　）

14. 断电触点厚度小于 0.5 mm，应更换断电触点。（　　）

15. 电容器击穿短路，易造成触点烧蚀，火花塞跳火微弱。（　　）

二、选择题

1. 甲认为传统点火系统的高压是在断电器触点断开的瞬间产生的，乙认为高压是在断电器触点闭合的瞬间产生的。你认为（　　）。

A. 甲对　　　　　　B. 乙对　　　　　　C. 甲、乙都对　　　　　　D. 甲、乙都不对

2. 在说明点火线圈的附加电阻作用时，甲认为发动机高速运转时，附加电阻的阻值较大，而乙认为发动机的温度升高时电阻较大。你认为（　　）。

A. 甲对　　　　　　B. 乙对　　　　　　C. 甲、乙都对　　　　　　D. 甲、乙都不对

3. 点火提前角应该随着发动机工况的变化而改变。甲认为点火提前角应随着发动机的转速的提高而减小；乙认为点火提前角应随着发动机的负荷增大而增大。你认为（　　）。

A. 甲对　　　　　　B. 乙对　　　　　　C. 甲、乙都对　　　　　　D. 甲、乙都不对

4. 在调整发动机的点火提前角时，甲认为顺着分电器轴的旋转方向转动分电器外壳可将点火提前角调小，乙认为逆着分电器轴的旋转方向转动分电器外壳可将点火提前角调大，你认为（　　）。

A. 甲对　　　　　　B. 乙对　　　　　　C. 甲、乙都对　　　　　　D. 甲、乙都不对

5. 当改用标号比较低的汽油时，甲认为应将点火提前角适当调大，乙认为应将点火提前角适当调小。你认为（　　）。

A. 甲对　　　　　　B. 乙对　　　　　　C. 甲、乙都对　　　　　　D. 甲、乙都不对

6. 火花塞的热特性是用热值（数字 1～9）来表示的。甲认为数字越大，火花塞越冷，乙认为数字越小，火花塞越冷。你认为（　　）。

A. 甲对　　　　　　B. 乙对　　　　　　C. 甲、乙都对　　　　　　D. 甲、乙都不对

7. 对于高速、大功率、高压缩比的发动机，甲认为应使用冷型火花塞，乙认为应使用热型火花塞。你认为（　　）。

A. 甲对　　　　　　B. 乙对　　　　　　C. 甲、乙都对　　　　　　D. 甲、乙都不对

8. 发动机不能起动，故障由点火系统引发，在检查故障时，将总高压线拔下试火，结果发现无火。甲认为故障出现在高压电路，乙认为故障是由于点火时机不正确。你认为（　　）。

A. 甲对　　　　　　B. 乙对　　　　　　C. 甲、乙都对　　　　　　D. 甲、乙都不对

9. 发动机在工作中出现了比较严重的爆燃，甲认为是由于点火提前角过大引起的，乙认为是由于使用了标号较低的汽油所引起。你认为 (　　)。

A. 甲对　　　　　　B. 乙对　　　　　　C. 甲、乙都对　　　　　　D. 甲、乙都不对

10. 影响点火提前角的因素有(　　)。

A. 发动机转速　　　　　　B. 发动机功率

11. 传统点火装置分电器中的电容器容量为 (　　) μF。

A. 15～25　　　　　　B. 0.15～0.25　　　　　　C. 20～30

12. 传统点火系统在断电触点 (　　) 时产生高压火。

A. 刚刚张开　　　　　　B. 刚刚闭合　　　　　　C. 张开到最大

三、简答题

1. 传统点火系统是如何产生高压电火花的？

2. 点火系的次级电压都要受到哪些因素的影响？它们是如何影响的？

3. 附加电阻是如何改善点火系统的性能的？

4. 为何要有点火提前？点火提前是怎样来表示的？

5. 随发动机工况的改变，点火提前角应怎样变化？

6. 离心调节器是怎样改变点火提前角的？

7. 真空调节器是怎样改变点火提前角的？

8. 火花塞的热特性对发动机的工作有何影响？

第六章　照明与信号系统组成及检修

6.1　照　明　系　统

6.1.1　概述

为了保证汽车夜间行驶的安全，在汽车上装有多种照明设备。早期的汽车照明系统只包括法律上要求的前照灯、尾灯和牌照灯。现在为了汽车夜间行驶的安全，也为了给驾驶人提供一个方便、舒适的驾驶环境，一般汽车上有 15～25 个外部照明灯和约 40 个内部照明灯，这充分说明照明系统在现代汽车上的重要作用。为使其他车辆和行人注意到汽车的行驶状况，保证车辆和行人的安全，汽车上必须装备有灯光信号系统和音响信号系统。

1. 照明系统的作用

汽车照明系统是为了保证汽车在光线不好的条件下提高行驶的安全性和运行速度而设置的，从而确保行驶更加方便、可靠，减少交通事故与机械事故的发生。一般来说，汽车照明系统除了主要用于照明外，还用于汽车装饰。随着汽车电子技术应用程度的不断提高，照明系统也正在向智能化方向发展。

2. 照明系统的组成

汽车照明系统根据在汽车上安装位置和作用的不同，一般可分为外部照明装置和内部照明装置。外部照明装置主要包括前照灯、前雾灯、倒车灯和牌照灯，内部照明装置主要包括顶灯、阅读灯、杂物箱灯和行李箱灯。现代汽车照明装置多以组合方式进行设计安装，其中前组合灯主要由前照灯、前转向灯和示廓灯组合而成；后组合灯包括尾灯、后转向灯、制动灯和倒车灯组合而成。

3. 前照灯的基本要求

世界各国都以法律形式规定了汽车前照灯的照明标准，其基本要求为以下几点：

(1) 前照灯应保证车前有明亮而均匀的照明，使驾驶人能辨明车前 100 m 以内路面上的任何障碍物。随着汽车行驶速度的提高，汽车前照灯的照明距离也相应要求越来越远。

(2) 前照灯应具有防止眩目的装置，以免夜间两车迎面相遇时，使对方驾驶人眩目而造成交通事故。

(3) 前照灯的光束应有一定的散射，以便让驾驶员在直行时能看清来自侧面的运动物体，转弯时能看清路面。

6.1.2 前照灯的组成

前照灯的光学系统包括灯泡、反射镜和配光镜三部分。

1. 灯泡

1) 普通充气灯泡

普通充气灯泡的灯丝是用钨丝制成的。为了减少钨丝受热后的蒸发,延长灯泡寿命,制造时将玻璃泡内空气抽出,再充以质量分数约 86%的氩和约 14%氮的混合气体。虽然普通充气灯泡充满了惰性气体,但仍然不能阻止灯丝钨的蒸发,蒸发使灯丝耗损,并且蒸发出来的钨,沉积在灯泡上使其发黑。

2) 卤钨灯泡

卤钨灯泡是目前国内外广泛使用的一种新型光源,它是利用卤钨再生循环反应的原理制成的。其再生过程是:从灯丝上蒸发出来的气态钨与卤素反应生成了一种挥发性的卤化钨,它扩散到灯丝附近的高温区又受热分解,使钨重新回到灯丝上去,被释放出来的卤素(如碘、溴、氯、氟等元素)继续参与反应,从而减少了钨的蒸发和灯泡变黑。卤钨灯泡的尺寸小,灯壳的机械强度高,耐高温性强,所以充入惰性气体的压力较高,因而工作温度也较高。

在相同功率下,卤钨灯的亮度为白炽灯的 1.5 倍,寿命比白炽灯长 2～3 倍。现在使用的卤素一般为碘元素或溴元素,分别称为碘钨灯泡或溴钨灯泡。目前,我国主要生产的是溴钨灯泡。普通充气灯泡和卤钨灯泡结构如图 6-1 所示。

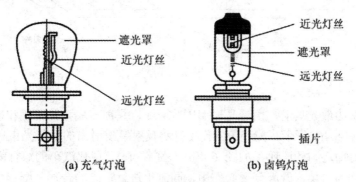

(a) 充气灯泡　　　　　　　　　(b) 卤钨灯泡

图 6-1　前照灯灯泡结构

3) 氙气灯泡

氙气灯泡由小型石英灯泡、变压器和电子单元组成,其结构如图 6-2 所示。氙气灯泡的玻璃用坚硬的耐高温、耐高压石英玻璃制成,灯内充入高压氙气,接通电源后,通过变压器,在几微秒内升高到 20 000 V 以上的高压脉冲电加在石英灯泡内的金属电极之间,激励灯泡内的物质(氙气、少量的水银蒸气、金属卤化物)在电弧中电离产生亮光。由于高温导致的原子碰撞激发,随着压力升高,线光谱变宽形成带光谱。在灯开关接通的一瞬间,氙气灯就可以产生与 55 W 卤素灯一样的亮度,约 3 s 达到全部光通量。

一个 35 W 的氙气灯光源可产生 55 W 卤素灯 2 倍的光通量,使用寿命与汽车寿命差不多。因此,安装氙气灯不但可以减少电能消耗,还相应提高了车辆的性能,这对汽车而言具有很重要的意义。

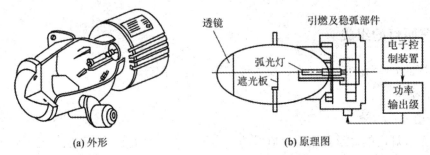

(a) 外形　　　　　　　　　　　(b) 原理图

图 6-2　疝气灯泡外形及原理示意图

2. 反射镜

由于前照灯灯泡的灯丝发出的光强度有限，功率仅为(40～60) W，如无反射镜，只能照亮汽车灯前 6 m 左右的路面。反射镜的作用就是将灯泡的光线聚合并导向前方，工作原理如图 6-3 所示。灯丝位于焦点上，灯丝的绝大部分光线向后射在立体角范围内，经反射镜反射后变成平行光束射向远方，使发光强度增强几百倍，从而可以照亮车前 150 m 甚至400 m 内的路面。

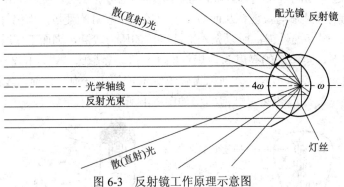

图 6-3　反射镜工作原理示意图

3. 配光镜

配光镜又称为散光玻璃，由透光玻璃压制而成，是由多块特殊棱镜和透镜组合而成，配光镜结构如图 6-4(a)所示。配光镜的作用是将反射镜反射出的平行光束进行折射，使车前的路面有良好而均匀的照明，如图 6-4(b)、图 6-4(c)。现代汽车的组合前照灯往往将反射镜和配光镜作为一体，既起到反光作用，同时也进行了光的合理分配。

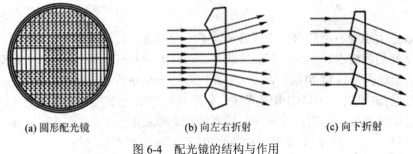

(a) 圆形配光镜　　　　　(b) 向左右折射　　　　　(c) 向下折射

图 6-4　配光镜的结构与作用

6.1.3　前照灯的防眩目措施

眩目是指人的眼睛突然被强光照射时，由于视神经受刺激而失去对眼睛的控制，本能地闭上眼睛或只能看见亮光而看不见暗处物体的生理现象。

　　为了避免前照灯的强光线使对面来车驾驶人产生眩目而造成交通事故，并保持良好的路面照明，在现代汽车上普遍采用双丝灯泡的前照灯。其中一根灯丝为远光灯丝，光度较强，灯丝位于反射镜的焦点上；另一根灯丝为近光灯丝，光度较弱，位于焦点的上前方。当夜间汽车行驶无迎面来车时，驾驶人可通过控制电路接通远光灯丝，前照灯光束射向远方，便于提高车速。当两车迎面相遇时，接通近光灯丝，前照灯光束倾向路面，使车前 50 m 内路面照得十分清晰，从而避免了迎面来车驾驶人的眩目现象。双丝灯泡有以下几种形式。

1. 普通双丝灯泡

　　普通双丝灯泡的远光灯丝位于反射镜的焦点上，而近光灯丝则位于焦点的上方并稍向右偏移，其工作原理如图 6-5 所示。

　　当接通远光灯电路时，远光灯丝发出的光线由反射镜反射后沿光学轴线平行射向远方，如图 6-5(a)所示。当接通近光灯丝时，射到反射镜面上的光线由反射镜反射后倾向路面，如图 6-5(b)所示，反射到反射镜 bc 和 b_1c_1(由焦平面到端面)上的光线反射后倾向上方，但倾向路面的光线占大部分，使远射光减少从而避免了对迎面来车驾驶人造成眩目。

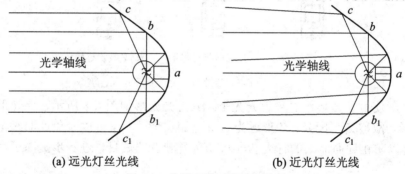

(a) 远光灯丝光线　　　　　　　　　　(b) 近光灯丝光线

图 6-5　普通双丝灯的工作原理

2. 装有配光屏的双丝灯泡

　　装有配光屏的双丝灯泡远光灯丝仍位于反射镜焦点处，而近光灯丝则位于焦点前上方，并在灯丝下面装有金属制的配光屏。由于近光灯丝射向反射镜上部的光线倾向路面，同时配光屏挡住了灯丝射向反射镜下半部的光线，故没有向上反射出可能导致目眩的光线。带配光屏的灯泡的工作原理如图 6-6 所示。

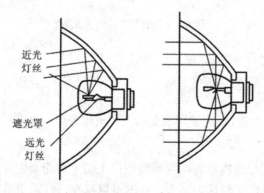

图 6-6　装有配光屏的双丝灯泡工作原理

3. 非对称配光屏双丝灯泡

非对称配光屏双丝灯泡是目前比较流行的一种新型防眩前照灯。为了达到既能防止炫目，又能以较高车速会车的目的，我国汽车的前照灯近光采用 E 形不对称光形，将近光灯右侧亮区倾斜升高 15°，即将车行进方向光束照射距离延长。不对称光形是将遮光罩单边倾斜 15° 形成的，如图 6-7 所示。

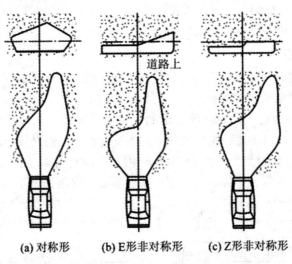

(a) 对称形　　　(b) E形非对称形　　　(c) Z形非对称形

图 6-7　前照灯配光光形

有些汽车使用了 Z 形不对称近光光形，其近光光形如图 6-8 所示，该光形明暗截止线呈反 Z 形，故称 Z 形配光。Z 形近光光形更加安全，不仅可以避免迎面来车驾驶员的炫目，还可以防止迎面而来的行人和非机动车驾驶者的炫目，进一步提高了汽车夜间行驶的安全。

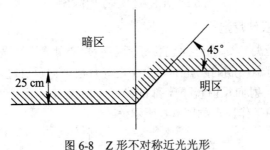

图 6-8　Z 形不对称近光光形

6.1.4　前照灯的分类

1. 可拆卸式前照灯

这种灯因其气密性不良，反射镜容易受潮气和灰尘污染而降低反射能力，现已基本淘汰。

2. 半封闭式前照灯

半封闭式前照灯的配光镜靠卷曲反射镜边缘上的牙齿而紧固在反射镜上，二者之间垫有橡胶密封圈，灯泡从反射镜后端装入，灯泡可以互换，目前仍被各国广泛采用，其结构如图 6-9 所示。

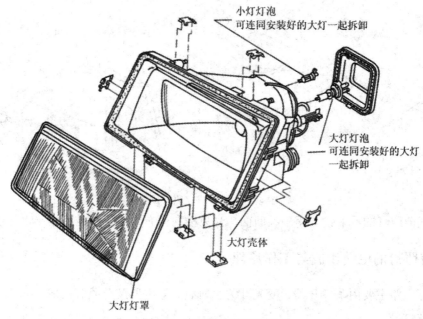

小灯灯泡
可连同安装好的大灯一起拆卸

大灯灯泡
可连同安装好的大灯
一起拆卸

大灯壳体

大灯灯罩

图 6-9 半封闭式前照灯结构

3. 全封闭式前照灯

全封闭式前照灯的反射镜和配光镜用玻璃制成一体，形成灯泡，里面充以惰性气体。全封闭式前照灯反射镜不受大气中灰尘和潮气污染，它的发光率较高，一个功率约 30 W 的前照灯可产生 750 000 cd 的发光强度，且使用寿命长。目前美国、日本生产的汽车几乎全部采用这种全封闭式前照灯，我国生产的汽车也已大量采用这种前照灯。这种前照灯的缺点是灯丝烧坏后，只能更换整个前照灯总成，其结构如图 6-10 所示。

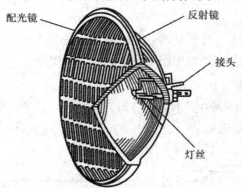

配光镜

反射镜

接头

灯丝

图 6-10 全封闭式前照灯结构

4. 投射式前照灯

投射式前照灯结构如图 6-11 所示，其反射镜近似于椭圆形状，具有两个焦点。第一焦点处放置灯泡，第二焦点是由光线形成的，凸形配光镜的焦点与第二焦点一致。来自灯泡的光利用反射镜聚集成第二焦点，再通过配光镜将聚集的光投射到前方。在第二焦点附近设有遮光板，可遮挡上半部分光，形成明暗分明的配光。由于投射式前照灯具有这种配光特性，也可用作雾灯。投射式前照灯采用的灯泡为卤钨灯泡。

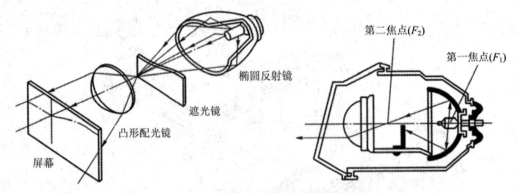

图 6-11　投射式前照灯结构

投射式前照灯的反射镜采用扁长断面，光束横向分布效果好，结构紧凑，经济实用。

6.1.5　前照灯的电路组成与工作原理

前照灯电路主要由车灯开关、变光开关、前照灯继电器及前照灯组成。

1. 车灯开关

车灯开关的形式有拉钮式、旋转式、组合式等多种，现代汽车上使用较多的是将前照灯、尾灯、转向灯及变光开关制成一体的组合式开关，可以控制示宽灯、牌照灯、尾灯、仪表灯、前照灯及左右转向指示灯等。

2. 变光开关

变光开关可以根据需要切换远光和近光，目前汽车上多采用组合式变光开关，安装在方向盘下方，便于驾驶员操作。

3. 前照灯继电器

前照灯的工作电流较大，特别是四灯制的汽车，用车灯开关直接控制前照灯时，车灯开关易烧坏，因此许多汽车在灯光电路中设置有灯光继电器。

4. 前照灯的电路原理

前照灯按车灯开关的控制方式不同可分为控制火线式和控制搭铁线式两种类型，其控制线路示意图如图 6-12 所示。

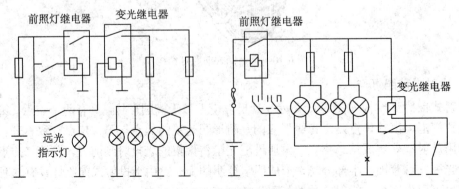

图 6-12　前照灯的控制线路示意图

6.1.6　其他照明装置

汽车照明装置除了前照灯外，还有前雾灯、倒车灯、牌照灯及用于内部照明的顶灯、阅读灯、杂物箱灯和行李箱灯等。

1. 前雾灯

前雾灯是主要用于改善大雾、大雨、大雪或尘埃弥漫情况下道路照明的灯具，不但有助于驾驶员看清楚道路，也有助于车辆被其他人看到，因此雾灯的光源需要有较强的穿透性。一般的车辆用的都是卤钨雾灯，也有少数车辆配置氙气雾灯。前雾灯安装在前照灯附近或比前照灯较低的前保险杠下方位置，为防止迎面车辆驾驶员的眩目，前雾灯光束在地面的投射距离相对近光光束来说要近。

2. 牌照灯

牌照灯安装于汽车尾部牌照上方或左右，用于照亮后牌照，功率一般为 5 W，确保行人在后方 20 m 内能够清楚地看见牌照上的文字。

3. 倒车灯

倒车灯是倒车时用于照明后方道路，并提醒其他车辆和行人注意的照明、信号两用灯。倒车灯颜色是白色或无色，当驾驶员挂上倒挡时，就自动接通倒车灯，其亮度应能照亮 7.5 m 的距离，灯泡功率一般为 28 W。

4. 车门灯(门控灯)

车门灯一般用于轿车或旅行车。当车门打开时，车门灯电路即接通，车门灯被点亮；当车门关上时，车门灯便熄灭。为了便于驾驶员上下车或打开其他照明设备以及插入点火钥匙等操作，有的车门灯电路还设置有自动延时器。

5. 仪表及开关照明灯

仪表及开关照明灯主要用于夜间行车时仪表及开关的照明。仪表及开关照明灯为驾驶员及时查看仪表以及操作开关提供了便利条件。

6. 顶灯及阅读灯

顶灯安装在驾驶室顶部，主要用于车辆的内部照明。阅读灯一般安装于乘客座位旁边，供乘客阅读使用，提供给乘坐人员足够亮度，同时又不会影响驾驶员的正常驾驶或者其他乘客的休息。目前很多汽车的顶灯可以实现剧场式亮度控制及延时熄灭控制。

6.2　信　号　系　统

6.2.1　汽车转向信号灯及闪光器

当汽车要转向时，由驾驶人打开相应的转向灯开关，转向信号灯亮并按一定频率闪烁，以引起前后车辆驾驶人、行人和交通警察注意避让。

闪光器是控制转向信号灯闪烁频率的装置，传统的闪光器按结构和工作原理可分为热丝式、翼片式、电容式和电子式等多种。其中热丝式闪光器结构简单、制造成本低，但闪光频率不稳定，使用寿命短，信号灯的亮暗不够明显，且不能兼作危险报警闪光器，将趋于淘汰。而电容式和电子式闪光器，由于工作频率稳定，灯光亮暗明显，且可兼作危险报警闪光器，还可在电路中增加少量元件，对闪光灯灯泡损坏情况作出监视，因而被广泛使用。

1. 热丝式闪光器

图 6-13 所示为热丝式闪光器的结构和工作原理图。转向开关未接通时，活动触点在镍铬丝的拉动下与固定触点分开。汽车转向时，接通转向开关，则电流从蓄电池正极→接线柱→活动触点臂→镍铬丝→附加电阻→接线柱→转向开关→相应的转向信号灯和转向指示灯→搭铁→蓄电池负极，形成回路。此时，由于附加电阻和镍铬丝串联接入电路中，电流较小，转向信号灯和指示灯亮度较低。经过一较短时间后，镍铬丝受热膨胀而伸长，使触点闭合，此时，电流从蓄电池正极→接线柱→活动触点臂→活动触点→固定触点→线圈→转向开关→转向信号灯和转向指示灯→搭铁→蓄电池负极，形成回路。由于附加电阻及镍铬丝被短路隔除，而线圈中有电流通过，产生电磁力，使触点闭合更为紧密，线路中电阻小，电流大，故转向信号灯及转向指示灯亮。与此同时，镍铬丝被短路隔除，逐渐冷却而收缩，触点又打开，附加电阻及镍铬丝又串入电路，灯光又变暗，如此反复，从而使转向信号灯及指示灯一明一暗地闪烁。我国规定转向信号灯的闪烁频率为(60~120)次/分钟，最佳是(70~90)次/分钟。

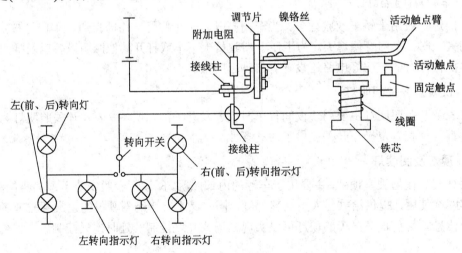

图 6-13　热丝式闪光器

2. 电容式闪光器

电容式闪光器的结构如图 6-14 所示，它主要由一个继电器和一个电容器组成。在继电器的铁芯上绕有串联线圈和并联线圈，电容采用大容量的电解电容器。

电容式闪光器是利用电容器充、放电延时特性，使继电器的两个线圈产生的电磁吸力时而相同叠加，时而相反削减，从而使继电器产生周期性开关动作，使转向信号灯及指示灯实现闪烁。

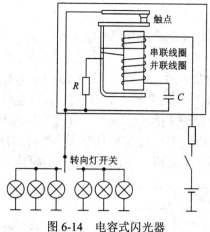

图 6-14　电容式闪光器

6.2.2　制动信号装置

制动灯装在汽车尾部,当汽车制动时制动灯点亮。1985 年,美国规定必须安装高位制动灯。高位制动灯被装在汽车的后窗中心线的附近,这样,在前后两辆汽车靠得太近时,后面汽车驾驶人就能从高位制动灯的工作状况知道前面汽车的行驶状况。制动灯开关通常有两种形式:一种是弹簧负载式常开开关,装在制动踏板的后面,当踏下制动踏板时,开关闭合,制动灯亮;另一种是液压或气压式开关,装在制动主缸出口处,当踩下制动踏板,液压管路(或气压管路)中压力增加时,经过开关薄膜的作用,开关闭合,制动灯亮,当释放制动踏板时,管路压力下降,开关又恢复到原来的常开位置。因为制动灯安装在汽车尾部,制动灯灯丝如果烧断,不易被驾驶人发现,而一旦制动灯灯丝烧断,在紧急制动时,则失去了对后面车辆驾驶人的警告作用,危险性很大。

6.2.3　倒车信号装置

1. 倒车灯及报警器电路

汽车倒车时,为了警示车后的行人和其他车辆注意避让,在汽车的后部装有倒车灯和倒车蜂鸣器(或倒车语音报警器),它们均由装在变速器上的倒挡开关控制。当变速器挂入倒挡时,在拨叉轴的作用下,倒挡开关连通倒车报警器和倒车灯电路,从而发出声光倒车信号。图 6-15 为解放 CA1092 汽车倒车信号电路。

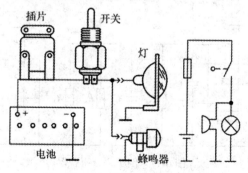

图 6-15　倒车信号电路

2. 倒车报警器

倒车报警器有倒车蜂鸣器和倒车语言报警器两种。

(1) 倒车蜂鸣器。

倒车蜂鸣器是一种间歇发声的音响装置,图 6-16 所示为解放 CA1092 型汽车用的倒车蜂鸣器的电路。其发音部分是一只功率较小的电喇叭,控制电路是一个由无稳态电路(即"多谐振荡器")和反相器组成的开关电路。晶体管 VT_1、VT_2 组成无稳态电路,由于 VT_1 和 VT_2 之间采用电容器耦合,所以 VT_1 与 VT_2 只有两个暂时的稳定状态,或 VT_1 导通、VT_2 截止,或 VT_2 导通、VT_1 截止,这两个状态周期地自动翻转。

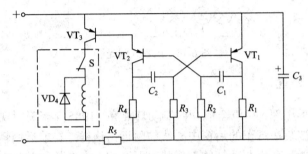

图 6-16　倒车蜂鸣器电路

VT_3 在电路中起开关作用,它与 VT_2 直接耦合,VT_2 的发射极电流就是 VT_3 的基极电流。当 VT_2 导通时,VT_3 基极有足够大的基极电流导通并向 VD_4 供电。VD_4 通电使膜片振动,产生声音。当 VT_2 截止时,VT_3 无基极电流也截止,VD_4 断电响声停止,如此周而复始,VT_3 按照无稳态电路的翻转频率不断地导通、截止,从而使得倒车蜂鸣器发出"嘀—嘀—嘀"的间歇鸣叫声。

(2) 倒车语音报警器。

随着集成电路技术的发展,现在已经实现将语音信号压缩存储于集成电路中,制成倒车语音报警器。在汽车倒车时,能重复发出倒车声音,以此提醒车后行人避开车辆而确保安全倒车。倒车语音报警器的典型电路如图 6-17 所示。集成块 IC_1 是储存有语音信号的集成电路,集成块 IC_2 是功率放大集成电路,稳压管 VZ 用于稳定语音集成块 IC_1 的工作电压。为防止电源电压接反,在电源的输入端使用了由 4 个二极管组成的桥式整流电路,这样无论倒车语音报警器怎样接入 12 V 电源,均可保证电子电路正常工作。

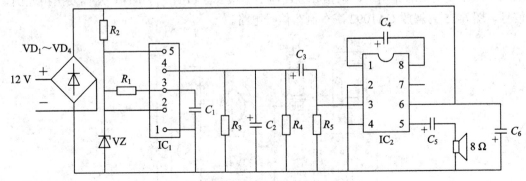

图 6-17　倒车语音报警器

当汽车挂入倒挡时,倒车开关便接通了倒车报警电路,电源便由桥式整流电路输入语音倒车报警器，语音集成电路 IC_1 的输出端便输出一定幅度的语音电压信号。此语音电压信号经 C_2、C_3、R_4、R_5 组成的阻容电路消除杂声，改善了音质，然后耦合到集成电路 IC_2 的输入端，经 IC_2 功率放大后，通过喇叭输出，即可发出清晰的"请注意，倒车！"等声音。

6.3　电　喇　叭

6.3.1　电喇叭

汽车上都装有喇叭，用以警示行人和其他车辆，引起注意，保证行车安全。喇叭按发音动力分为气动喇叭和电动喇叭，电动喇叭声音悦耳、体积小、质量轻，已广泛用于各种型号的汽车上。

1. 盆形电喇叭

图 6-18 所示为盆形电喇叭结构示意图，其电磁铁采用螺管式结构，铁芯上绕有线圈，上下铁芯间的气隙在线圈中间，所以能产生较大的吸力。但它没有扬声筒，而是将上铁芯、膜片和共鸣板固装在中心轴上。当电路接通时，线圈产生吸力，上铁芯被吸下与下铁芯碰撞，产生较低的基本频率声音，并激励与膜片一体的共鸣板产生共鸣，从而发出比基本频率声音强得多且分布又比较集中的谐音，触点间仍需并联一灭弧电容器。

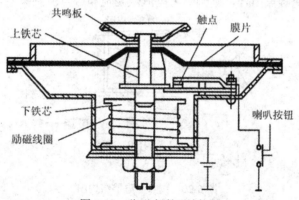

图 6-18　盆形电喇叭结构图

2. 螺旋形电喇叭

筒形、螺旋形电喇叭的构造如图 6-19 所示，其主要机件由山形铁芯、励磁线圈、衔铁、膜片、共鸣板、扬声器、触点及电容器等组成。膜片和共鸣板借助中心杆与衔铁、调整螺母、锁紧螺母连成一体。当按下按钮时，电流回路为：蓄电池正极→线圈→触点→按钮→搭铁→蓄电池负极。当电流通过线圈时，产生电磁吸力，吸下衔铁，则中心杆上的调整螺母压下活动触点臂，使触点分开而切断电路。此时线圈电流中断，电磁吸力消失，在弹簧片和膜片的弹力作用下，衔铁又返回原位，触点闭合，电路重又接通。此后，上述过程反复进行，膜片不断振动，从而发出一定音调的声音，由扬声器加放大后传出。共鸣板与膜片刚性连接，在振动时发出乐音，使声音更加悦耳。为了减小触点火花，保护触点，在触点间并联了一个电容器(或消弧电阻)。

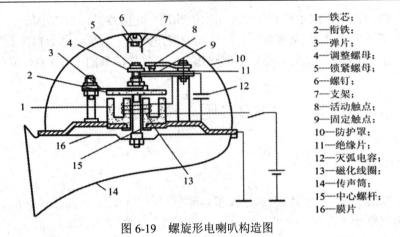

1—铁芯；
2—衔铁；
3—弹片；
4—调整螺母；
5—锁紧螺母；
6—螺钉；
7—支架；
8—活动触点；
9—固定触点；
10—防护罩；
11—绝缘片；
12—灭弧电容；
13—磁化线圈；
14—传声筒；
15—中心螺杆；
16—膜片

图 6-19　螺旋形电喇叭构造图

6.3.2　喇叭继电器

为了得到更加悦耳的声音，在汽车上常装有两个不同音调的喇叭。当使用双喇叭时，因为消耗的电流较大((15～20) A)，用按钮直接控制时，按钮容易烧坏，故常要在电路中增加喇叭继电器，喇叭继电器结构图如图 6-20 所示。当按下按钮时，电流回路为：蓄电池正极线圈→按钮→搭铁→蓄电池负极。由于线圈电阻很大，所以通过按钮的电流很小。线圈通电后产生吸力，使触点闭合，则喇叭大电流从磁轭和触点流到喇叭。

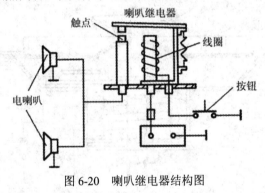

图 6-20　喇叭继电器结构图

6.4　照明与信号系统故障诊断与排除

6.4.1　转向信号灯系统的典型故障诊断与排除

1. 转向信号灯不亮故障的诊断与排除

*故障现象：*打开转向灯开关，转向灯不亮。

诊断方法：

首先用电压表检测闪光器电源接线柱上的电压，将点火开关置于 ON 时，应为(12～14) V。如果电压正常，则应拆下闪光器的 B、L 两接线柱上的导线，并连接在一起。拨动转向开关，如转向信号灯亮但不闪，则闪光器已损坏。如转向信号灯仍不亮，将电源直接连接到转向信号灯接线柱上，若灯亮，则闪光器至转向开关之间导线断路或转向开关损坏；如转向信号灯一边亮一边不亮，则不亮的一边转向信号灯至转向开关之间的导线断路或短路。如果闪光器电源接线柱上的电压不正常，则为电源断路。

2. 转向信号灯单边亮和闪光失常故障的诊断与排除

故障现象：将转向信号灯开关拨至某转向指示一边时(例如左转向)，左边转向信号灯的亮度和闪光正常，而拨向右转向指示一边时，右边转向信号灯发光微弱。

诊断方法：

出现这种故障，大多是不正常一边的灯泡搭铁不良所致。

遇到此类故障现象时，可将转向开关放在空挡，开示廓灯进行检验。因为现在多数汽车上转向信号灯和示廓灯是采用一只双丝灯泡。如出现一边示廓灯亮度正常，另一边示廓灯亮度暗淡，表明亮度暗淡一边的示廓灯搭铁不良，接好该灯的搭铁，故障即可排除。

3. 转向信号灯闪烁频率不正常故障的诊断与排除

故障现象：拨动转向信号灯开关，左右转向信号灯的闪烁频率不一致或闪烁频率都不正常。

诊断方法：

当遇到这类故障时，应检查闪光器、转向信号灯开关接线柱上接线是否松动、转向信号灯灯泡功率是否与规定相符、左右灯泡功率是否相同。对于电热丝式闪光器，灯泡功率对闪烁频率影响很大，若灯泡功率小于规定值，闪烁频率就低；反之，闪烁频率就高。对于电容式闪光器，灯泡功率大，闪烁频率低；灯泡功率小，闪烁频率高。

若灯泡功率都符合规定，则应检查是否有某一只灯泡烧坏。若左右转向信号灯闪光频率都高于或低于规定值(安全标准规定为(50~120)次/分钟，一般标准为(80~90)次/分钟)，一般为闪光继电器失调，应予调整，调整无效的应更换新件。

6.4.2　喇叭的典型故障诊断与排除

1. 喇叭不响的故障诊断

故障现象：当按下喇叭按钮时喇叭不响。

故障诊断方法：

(1) 喇叭无声。用电压表检查继电器"蓄电池"接线柱上电压，应为蓄电池电压。如不正常，则电源线路断路或接触不良，应按电池、熔丝、继电器"蓄电池"接线柱的顺序查找原因和修理。

(2) 喇叭"嗒"一声后不响：原因为喇叭触点烧蚀，不能接通电路；灭弧电阻或触点间短路。

2. 喇叭声响不正常的故障诊断

故障现象：当按下喇叭按钮时，喇叭音响沙哑、发闷或刺耳。

故障诊断方法：

喇叭出现声响不正常故障应从引起故障的外部原因着手，首先检查蓄电池储电是否充足，如蓄电池电量充足，则为喇叭及其电路有故障，其排除方法如下：

(1) 用跨接线将喇叭壳体搭铁，按下按钮，如声音正常，则为喇叭搭铁不良。

(2) 用跨接线将继电器"按钮"接线柱搭铁，如声音正常，则为喇叭按钮烧蚀，搭铁不良，应对其检查和修理。

(3) 用旋具短接继电器的"蓄电池"与"喇叭"两接线柱。如喇叭声音正常，则检查继电器触点是否烧蚀；若声响不正常，则故障在喇叭内部，应拆下检修。

(4) 拆下喇叭盖罩，检查触点是否烧蚀或接触不良。如果修磨触点和调整接触状态后，喇叭声音仍不正常，则检查调整衔铁与铁芯的间隙、触点间隙以及各零件的技术状态。

(5) 喇叭声音不正常，应以调整衔铁与铁芯间隙为主，调整时先检查衔铁是否平整，当声音尖锐刺耳时，应增大衔铁与铁芯的间隙；如声音低哑，应适当减小间隙。由于该间隙与触点间隙相互影响，所以在调妥该间隙后，还应调整触点间隙，使工作电流略小于规定电流。触点间隙调整后又会影响衔铁与铁芯的间隙的大小，因此要反复调整，使两者均达到规定值。当调整无效时，应进一步拆检膜片，若膜片损坏，则更换新膜片。

思考与练习

一、填空题

1. 汽车前照灯一般由_____、_____、_____三部分组成。

2. 汽车灯光系统按照用途分为_____、_____两大类。

3. 氙灯由_____、_____和_____三部分组成。

4. 汽车转向灯兼有_____功能和_____功能。

二、选择题

1. 汽车电喇叭，可按外形分为螺旋形、(　　　)和盆形。

A. 长形　　　　　　　B. 筒形　　　　　　　C. 短形　　　　　　　D. 球形

2. 控制转向灯闪光频率的是(　　　)。

A. 转向灯开关　　　　B. 点火开关　　　　　C. 蓄电池　　　　　　D. 闪光器

3. 前照灯的近光灯丝位于(　　　)。

A. 焦点上方　　　　　B. 焦点处　　　　　　C. 焦点下方　　　　　D. 焦点前

4. 下列关于汽车照明系统的叙述不正确的是(　　　)。

A. 前照灯的光源是灯泡

B. 反射镜可使光线向较宽的路面散射

C. 充气灯泡采用钨丝作灯丝，灯泡内充以氩和氮的混合惰性气体

D. 配光镜也称散光玻璃，由透明玻璃压制而成，是透镜和棱镜的组合体

5. 转向信号灯的最佳闪光频率应为(　　　)。

A. (40～60)次/分钟　　　　　　　　　　B. (70～90)次/分钟

C. (100～120)次/分钟　　　　　　　　　D. (20～40)次/分钟

6. 制动灯要求其灯光在夜间能明显指示(　　　)。

A. 30 m 以外　　　　　B. 60 m 以外　　　　　C. 100 m 以外　　　　　D. 50 m 以外

7. 倒车灯的灯光颜色为(　　)色。

A. 红　　　　　　　　B. 黄　　　　　　　　C. 白　　　　　　　　D. 橙

8. 下列哪一项可能引起驾驶员车门打开时门控灯不亮? (　　)

A. 车门开关短路接地　　　　　　　　　B. 灯泡的车门开关的导线短路接地

C. 发动机 ECU 熔丝短路　　　　　　　　D. 车门开关有故障

9. 有关某车单侧前照近光灯不亮故障检修不正确的是(　　)。

A. 检查变光开关是否接触良好　　　　　B. 检查相应熔丝是否损坏

C. 用万用表检测供电及搭铁电路是否良好　　D. 观察此侧灯泡灯丝是否烧断

10. 制动灯的灯光颜色应为(　　)色。

A. 红　　　　　　　　B. 黄　　　　　　　　C. 白　　　　　　　　D. 橙

三、判断题(对的打"√",错的打"×")

1. 流过喇叭线圈的电流越大,则音量越大。(　　)

2. 卤钨灯泡是在惰性气体中渗入卤族元素,使其防眩目。(　　)

3. 汽车会车时应采用远光灯,无对面来车时采用近光灯。(　　)

4. 前照灯应使驾驶员能看清车前 100 米或更远距离以外路面上的任何障碍物。(　　)

5. 在调整光束位置时,对具有双丝灯的前照灯,应该以调整近光光束为主。(　　)

6. 汽车上除照明灯外,还有用以指示其他车辆或行人的灯光信号灯称为信号灯。(　　)

7. 牌照灯属于信号及标志用的灯具。(　　)

8. 桑塔纳前照灯电路中没有灯光继电器。(　　)

9. 所有的喇叭电路中均设置有喇叭继电器。(　　)

10. 闪光继电器故障一定会导致危险警告灯故障。(　　)

四、简答题

1. 前照灯为什么要分远光和近光? 各有何作用?

2. 什么是眩目现象? 怎样防止眩目?

3. 汽车照明系统常见的故障及原因有哪些?

4. 简述汽车电喇叭继电器的工作原理。

5. 试述电热式、电容式、晶体管式闪光器的工作原理。

6. 在汽车上采取何种措施防止眩目?

7. 灯光继电器起什么作用?

8. 汽车上闪光器的功用是什么?

第七章 汽车仪表与报警系统组成及检修

7.1 传统汽车仪表系统

7.1.1 传统汽车仪表的组成

1. 汽车仪表的组成与作用

在汽车驾驶室转向盘前方都安装有汽车仪表，用它来指示汽车运行状况，特别是发动机的运转状况，以便于驾驶员随时了解汽车的工作状况，保证汽车安全可靠地行驶，同时也是维修人员发现和查询故障的重要工具。汽车仪表主要由发动机转速表、车速里程表、燃油表、冷却液温度表等组成，部分汽车上还装有机油压力表、电流表等，图 7-1 为桑塔纳 2000G5 型轿车仪表板。

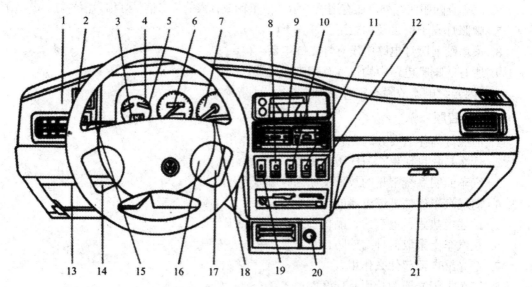

1—出风口；2—灯光开关及仪表照明调节器；3—电子钟；4—冷却液温度和油量表；5—信号灯；
6—车速里程表；7—转速表；8—备用开关灯；9—收放机；10—雾灯开关；11—后窗加热器开关；
12—危险警报闪光灯开关；13—熔丝护板壳；14—阻风门按钮；15—转向信号灯及变光开关；
16—喇叭按钮；17—点火开关；18—风窗雨刮器及洗涤器拨杆开关；
19—空调装置开关；20—点烟器；21—杂物箱

图 7-1 桑塔纳 2000G5 型轿车仪表板

2. 汽车仪表的特点

汽车仪表系统具有结构简单、耐振动、抗冲击性好、工作可靠等特点，在电源电压允许的变化范围内，仪表示值准确，且不随环境温度的改变而变化。

7.1.2　机油压力表

1. 机油压力表的组成结构

机油压力表是用来指示发动机润滑系统中机油的压力，图 7-2 所示为双金属片式油压表的结构原理图，它由装在发动机主油道上的油压传感器和仪表板上的机油压力指示表两大部分组成。

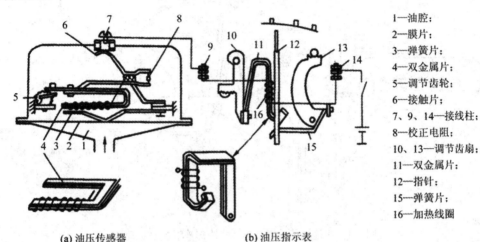

1—油腔；
2—膜片；
3—弹簧片；
4—双金属片；
5—调节齿轮；
6—接触片；
7、9、14—接线柱；
8—校正电阻；
10、13—调节齿扇；
11—双金属片；
12—指针；
15—弹簧片；
16—加热线圈

(a) 油压传感器　　　　(b) 油压指示表

图 7-2　双金属片式机油压力表结构原理图

油压传感器外形结构为一圆形钢壳密封件，钢壳内装有膜片，膜片的中心上顶着弓形弹簧片，弹簧片的悬臂端焊有动触点，另一端搭铁。弹簧片悬臂端上顶着双金属片的工作臂触点，即保持触点冷态接触。双金属片的工作臂上绕有电热线圈，电热线圈的一端连接在工作臂的端头触点上，另一端经接触片和接线柱与油压指示表相连。双金属片的另一臂为补偿臂，当外界温度变化时，工作臂的附加变形可由补偿臂的相应变形补偿。补偿臂头与接触片连接，接触片的一端通过调节齿轮相连并搭铁，另一端接校正电阻，校正电阻与电热线圈并联，膜片下面为油腔，油腔上边缘与传感器罩形顶盖周边扣压密封。

2. 机油压力表的工作原理

当电源开关接通时，电流流过双金属片，使双金属片受热变形弯曲，触点分开，电流被切断，双金属片冷却伸直，触点闭合，如此反复，形成如图 7-3 所示的脉动电流。机油压力较大时，膜片被顶升，弹簧片变形，流过金属片的电流较大，触点才断开，造成整个回路中触点闭合时间长而断开时间短，电流的有效值较大，双金属片受热弯曲程度增加，带动指示仪表的指针偏转增大，指示高油压；反之，当机油压力较小时，则弹簧片变形减小，整个回路的电流有效值减小，仪表指针偏转较小，指示低油压。

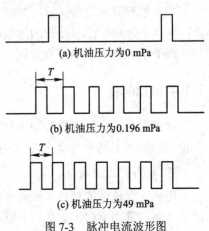

(a) 机油压力为 0 mPa

T

(b) 机油压力为 0.196 mPa

T

(c) 机油压力为 49 mPa

图 7-3　脉冲电流波形图

7.1.3 冷却液温度表

1. 冷却液温度表的组成结构

冷却液温度表是用来指示发动机冷却液的工作温度，它由装在气缸盖上的温度传感器和装在仪表板上的冷却液温度表组成，传统的冷却液温度表组成主要为双金属片，图 7-4 所示为捷达轿车的双金属片式冷却液温度表原理图。

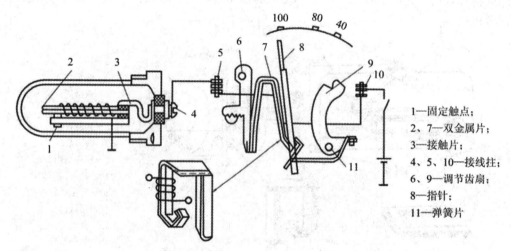

1—固定触点；
2、7—双金属片；
3—接触片；
4、5、10—接线柱；
6、9—调节齿扇；
8—指针；
11—弹簧片

图 7-4　捷达轿车的双金属片式冷却液温度表原理图

双金属片式冷却液温度表由传感器和指示表组成，其中指示表的构造和工作原理与油压表相似，只是刻度值不一样。水温传感器的外壳是一个密封的套筒，内装有条形双金属片，其上绕有加热线圈，加热线圈的一端与触点相接，另一端通过接触片、接线柱与冷却液温度表加热线圈串联。

2. 冷却液温度表的工作原理

当水温较低时，双金属片经加热变形向上弯曲，使触点分开，由于周围温度较低，很快冷却，触点又重新闭合，所以流经加热线圈的平均电流相对较大，指示表中的双金属片变形较大，指针偏转大，指示较低温度。

当水温较高时，传感器密封套筒内的温度也增高，此时，双金属片经加热变形向上弯曲，触点分开后，由于冷却的速度降慢，触点分离时间增长，触点闭合时间缩短，流经加热线圈的平均电流减小，双金属片变形较小，指针偏转小，指示较高温度。

7.1.4 燃油表

燃油表是用来指示燃油箱内储存燃油量的多少，它由传感器和指示表两部分组成。按照指示表原理不同分为电热式和电磁式两种，下面分别进行介绍。

1. 电热式燃油表

电热式燃油表的结构原理如图 7-5 所示，在点火开关接通时，当燃油箱油量较少时，浮子下沉，带动滑动接触片向右移动，则传感器的电阻增大，于是流过燃油表电阻丝的电流减小，燃油表电阻丝产生热量减少，则双金属片受热变形较小，带动指针偏逆时针旋转，指示出相应较小的读数。

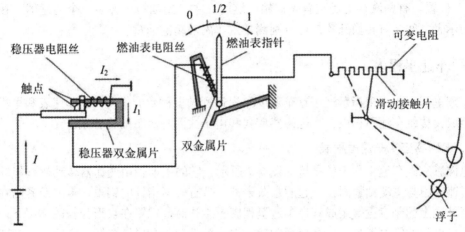

图 7-5　电热式燃油表的结构原理图

相反，当燃油箱内油量较多时，浮子上升，带动滑动接触片向左移动，接入电路中的可变电阻变小，于是流过燃油表电阻丝的电流较大，产生热量多，双金属片受热变形增大，带动指针顺时针旋转，指示出相应较大的读数。当燃油箱满油时，指针指示在最右边"1"处。

2. 电磁式燃油表

电磁式燃油表的结构原理如图 7-6 所示，指示表中有左右两只铁芯，铁芯上分别绕有左线圈和右线圈，中间设置有转子，转子上连有指针。当燃油箱的燃油较少时，浮子下沉，带动滑片顺时针旋转，使可变电阻接入电路部分的阻值减小，此时，根据并联电路电流分配原则，流过右线圈的电流变小，产生的电磁吸力减小，在左线圈的电磁吸力作用下，指针逆时针旋转，指示出相应较小的读数。

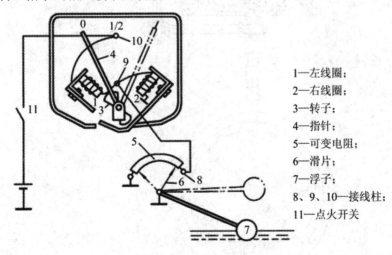

1—左线圈；
2—右线圈；
3—转子；
4—指针；
5—可变电阻；
6—滑片；
7—浮子；
8、9、10—接线柱；
11—点火开关

图 7-6　电磁式燃油表的结构原理图

相反，当燃油箱的燃油较多时，浮子上浮，带动滑片逆时针旋转，使可变电阻接入电路的部分阻值变大，导致流过右线圈的电流变大，使右线圈产生的电磁吸力增大，转子带动指针在合成磁场的作用下顺时针偏转，使燃油量指示值增大，当燃油箱油满时，指针指在"1"位置。有些汽车上还装有副油箱，这时在主、副油箱中各装一个传感器，在传感器与指示表之间装有转换开关，可分别测量主、副油箱的油量。

7.1.5　车速里程表

车速里程表是用来指示汽车行车速度和累计行驶里程数的仪表，由车速表和里程表两部分组成。传统车速里程表分为电磁感应式和电子式两种，下面将分别介绍。

1. 电磁感应式车速里程表

电磁感应式车速里程表的结构如图 7-7 所示。它的主动轴由变速器传动蜗杆经软轴驱动，车速表由与主动轴紧固在一起的永久磁铁、带有轴与指针的铝罩、磁屏及紧固在车速里程表外壳上的刻度盘等组成。当车速里程表不工作时，铝罩在盘形弹簧的作用下，使指针位于刻度盘的零位置处；当汽车行驶时，主动轴带动永久磁铁旋转，磁感线在铝罩上引起涡流，涡流产生的磁场与旋转的永久磁铁的磁场相互作用产生转矩，克服盘形弹簧的弹力，使铝罩朝着永久磁铁转动方向转过一个角度，与盘形弹簧的弹力相平衡时，指针便在刻度盘上指示相应的车速。车速越高，永久磁铁旋转越快，铝罩上的涡流越强，因而转矩越大，指针指示的车速也越高，车速里程表的传动路线如图 7-8 所示。

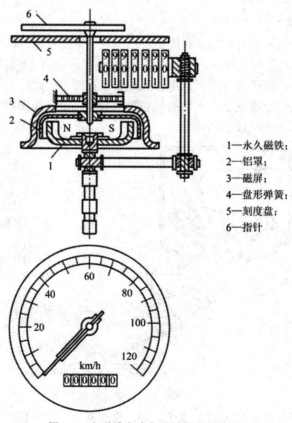

1—永久磁铁；
2—铝罩；
3—磁屏；
4—盘形弹簧；
5—刻度盘；
6—指针

图 7-7　电磁感应式车速里程表结构图

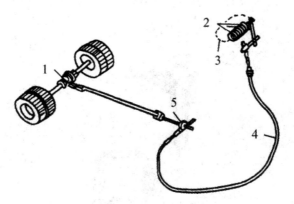

1—差速器传动路线；2—里程表数字轮表；3—刻度盘；
4—传动轮轴；5—变速器第二轴传动蜗轮蜗杆

图 7-8　车速里程表传动路线

　　里程表记录部分由三对蜗轮蜗杆、中间齿轮、单程里程计数轮、总里程计数轮及复零机构等组成，其结构如图 7-9 所示。

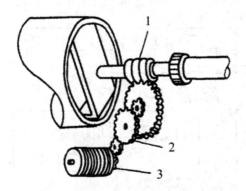

1—车速表蜗杆；2—减速齿轮；3—计数轮

图 7-9　里程表的减速轮和计数轮结构图

　　当汽车行驶时，软轴带动主动轴，并由主动轴经三对蜗轮蜗杆驱动里程表最右边的第一数字轮，第一数字轮上所刻的数字为 1/10 m，每两个相邻的数字轮之间，又通过本身的内齿和进位数字轮传动齿轮，形成 1/10 的传动比。即当第一数字轮转动一周，数字由 9 翻转到 0 时，便使相邻的左边第二数字轮转动 1/10 周，形成十进位递增，这样汽车行驶时就可累计出其行驶里程数。车速表上还有单程里程表复位杆，只要按一下复位杆，单程里程表的四个数字均复位为零。

2. 电子式车速里程表

　　电子式车速里程表主要由车速传感器、电子电路、车速表和里程表四部分组成。

　　(1) 车速传感器。车速传感器由变速器驱动，它由一个舌簧开关和一个含有 4 对磁极的转子组成，如图 7-10 所示。车速传感器能够产生正比于汽车行驶速度的电信号，转子每转一周，舌簧开关中的触点闭合 8 次，即产生 8 个脉冲信号，如奥迪 100 型轿车每行驶 1 km，车速传感器将输出 4127 个脉冲。

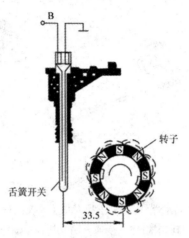

图 7-10　电子车速传感器原理图

(2) 电子电路。电子电路主要包括稳压电路、单稳态触发电路、恒流源驱动电路、64 分频电路和功率放大电路等，如图 7-11 所示。其作用是将车速传感器送来的具有一定频率的电信号，经整形、触发后输出一个与车速成正比的电流信号。

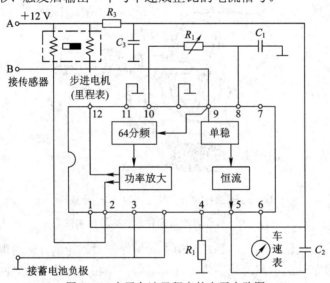

图 7-11　电子车速里程表的电子电路图

(3) 车速表。车速表其实就是一个磁电式电流表，当汽车以不同车速行驶时，从电子电路接线端 6 输出与车速成正比的电流信号来驱动车速表指针偏转，即可指示相应的车速。

(4) 里程表。里程表是由一个步进电动机及六位数字的十进位齿轮计数器组成，车速传感器输出的频率信号，经 64 分频电路分频后，再经功率放大器放大到具有足够的功率，驱动步进电动机，带动六位数字的十进位齿轮计数器工作，从而显示行驶的里程。

7.1.6　发动机转速表

为了便于驾驶员监视发动机的工作状况，在汽车仪表盘上都会安装发动机转速表。传统汽车转速表信号源主要有两种：一种信号取自点火系统初级电路的脉冲电压；另一种信号则取自安装在飞轮壳上的转速传感器。发动机转速表一般分为电容充放电式和电磁感应式，下面分别进行介绍。

1. 电容充放电式发动机转速表

电容充放电式转速表适用于点火系统采用分电器的发动机，其电路如图 7-12 所示。当触点闭合时，三极管 VT 无偏压而处于截止状态，此时，电容 C_2 被充电，其充电电路为：蓄电池正极→R_3→C_2→VD_2→蓄电池负极；当触点分开时，由于三极管 VT 基极得正电位而使三极管 VT 导通，此时 C_2 便通过导通的三极管 VT、电流表 A 和 VD_1 构成的回路进行放电。当发动机正常工作时，分电器上的触点连续不断的开闭，其开闭次数与发动机转速成正比，电容 C_2 放电电流的平均值与发动机转速也成正比，于是将电流表刻度值经过标定刻度成发动机转速即可。电路中的稳压管 VS 使 C_2 再次充电电压不变，可以提高发动机转速表精度。

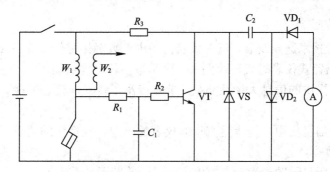

图 7-12　电容充放电式转速表电路图

2. 电磁感应式发动机转速表

电磁感应式转速表主要由装在飞轮壳上的转速传感器和装在仪表板上的转速表表头组成，图 7-13 所示为磁感应式发动机转速表的结构原理图。

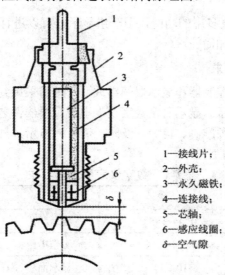

1—接线片；
2—外壳；
3—永久磁铁；
4—连接线；
5—芯轴；
6—感应线圈；
δ—空气隙

图 7-13　磁感应式发动机转速表

当飞轮转动时，齿顶与齿底不断地通过芯轴，则空气隙的大小发生周期性变化，使穿过芯轴的磁通也随之发生周期性地变化,于是在感应线圈中感应出交变电动势。该交变电动势信号输出后加在转速表线路中,经电路处理后,输出具有一定幅值和宽度的矩形波,用来驱动毫安表。

该交变电动势的频率与芯轴中磁通变化的频率成正比,即与通过芯轴端面的飞轮齿数成正比。当转速升高时频率升高,幅值增大,使通过毫安表中的平均电流增大,指针摆动角度相应增大,于是转速表指示的转速就高。

7.2 数字仪表系统

7.2.1 概述

1. 数字仪表的优点

随着现代电子技术蓬勃发展,汽车仪表已经进入数字化时代,数字仪表以其较大优势将完全取代传统指针式仪表时代已经到来。汽车数字仪表优点如下:

(1) 数字仪表提供的信息大量且复杂,能适应汽车排气净化、节能、安全性和舒适性的要求。

(2) 数字仪表信息集中,能满足汽车对仪表的小型、轻量化的要求,使有限的驾驶室空间尽可能地宽敞些。

(3) 数字仪表所显示图形设计自由度高,设计的图形美观实用。

(4) 数字仪表精度高,传统仪表只显示传感器的平均值,而数字仪表则可以显示瞬时值。

(5) 数字仪表能自动提示潜在危险,如温度超出时,其他信息暂时不显示,只显示温度信息,以警告驾驶员。

(6) 数字仪表具有一表多用的功能,用一组显示器可以进行分时显示,并可同时显示几个信息,使组合仪表更加简捷。

2. 数字仪表显示器要求

汽车仪表由传感器、控制器和显示器等组成,传感器采集到信号输送给控制器,经控制器处理后在显示器上显示。显示器是数字仪表中最重要器件之一,当前主要采用的是电子显示器。电子显示器必须准确、可靠、及时、清晰地显示各种信息,便于驾驶员观看和辨认,其具体要求如表 7-1 所示。

表 7-1 数字仪表显示器要求

名　称	要　求	名　称	要　求
工作温度	-30℃~+85℃	显示颜色	红色、绿色、蓝色
响应时间	500 ms(-30℃)	工作电压	5 V
对比度	10∶1	显示面积	100 mm × 200 mm
视角范围	±45°	使用寿命	10^5 h 以上
亮　度	1713 cd/m²		

3. 数字仪表显示器的分类

数字仪表显示器大致分为发光型和非发光型两大类：发光型的显示器有发光二极管(LED)、真空荧光管(VFD)、阴极射线管(CRT)、等离子显示器件(PDP)和电致发光显示器件(ELD)等；非发光型的显示器有液晶显示器(LCD)、电致变色显示器(ECD)等。目前汽车数字仪表所用的显示器件多为 VFD 和 LCD，其次是 LED，CRT 虽然容量大，但体积太大，不常使用。

7.2.2　数字仪表显示器

1. 发光二极管(LED)

发光二极管(LED)发出的颜色有红色、绿色、黄色、橙色等，可单独使用，也可组合使用。发光二极管常用来做汽车仪表板上的指示灯、数字符号段以及不太复杂的图形符号显示等。图 7-14 为用发光二极管制作的燃油光杆显示器，用来显示燃油量的多少。

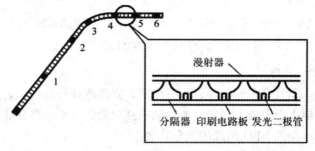

图 7-14　发光二极管光杆显示器

2. 真空荧光管(VFD)

1) 真空荧光管结构

真空荧光管(VFD)是较常见的一种发光型显示器件，其结构如图 7-15 所示。灯丝为阴极，接电源负极；涂有荧光物质的屏幕为阳极，接电源正极，其上制有若干字符段图形，每个字符段由电子开关单独控制通电状态；栅格置于灯丝和屏幕之间，另外屏幕背后装有平板玻璃并配有滤色镜，且整个装置密封在真空的玻璃罩内。

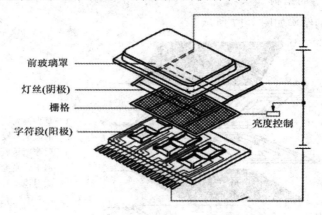

图 7-15　真空荧光管结构示意图

2) 真空荧光管的工作原理

图 7-16 所示为真空荧光管的工作原理图。当阳极接电源正极，阴极接电源负极时，正

负极之间便获得一定的电源电压，此时阴极灯丝通电而发热，释放电子，电子被电位较高的栅格吸引，并穿过栅格，均匀地打击在电位较高的屏幕字符段上，凡是由电子开关控制通电的字符段受到电子轰击后发亮，而未通电的字符段不发光，通过控制字符段通电状态，就可形成不同的显示数字。

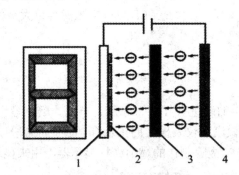

1—屏幕；2—字符段(阳极)；3—栅格；4—灯丝(阴极)

图 7-16　真空荧光管（VFD）的工作原理

3) 真空荧光管的应用

真空荧光管显示器具有色彩鲜艳、可见度高、立体感强等特点，是最早引入汽车仪表的发光型显示器，但由于做成大型的、多功能的真空荧光管显示器件成本较高，所以大多用于一些单功能、小型的 VFD 组成的汽车仪表上。

4) 真空荧光管的特点

(1) 真空荧光管的荧光粉接近于白色，故显示段与非显示段之间的对比度低。

(2) 由于真空荧光管是一种真空管，为保持一定的强度，玻璃外壳的厚度大，故体积和重量较大。

(3) 驱动电路与显示器件难于一体化，实现大量显示的难度较大。

3. 液晶显示器(LCD)

1) 液晶显示器的结构

液晶显示器的结构如图 7-17 所示。

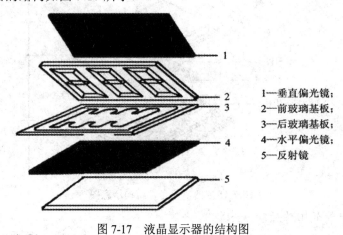

1—垂直偏光镜；
2—前玻璃基板；
3—后玻璃基板；
4—水平偏光镜；
5—反射镜

图 7-17　液晶显示器的结构图

液晶显示器有两块厚约为 1 mm 的前玻璃基板和后玻璃基板，每块玻璃基板上都涂有透明的导电材料，以形成电极涂层，在两块基板间注入一层(5～20) μm 的液晶，再在前玻璃基板的外表面贴上垂直偏光镜，在后玻璃基板的外表面贴上水平偏光镜，并将整个显示板安全密封，以防湿气和氧气侵入，另外在水平偏光镜的外表面再加上反射镜，便构成反射-透射式液晶显示器。

2) 液晶显示器的工作原理

当液晶不加电场时，液晶的分子排列方式可将来自垂直偏光镜的垂直方向的光波旋转90°，再经水平偏光镜后射到反射镜上，经反射后按原路回去，这时透过垂直偏光镜看液晶时，液晶呈明亮的状态，如图 7-18 所示。当给液晶加一电场时，液晶的分子排列方式发生改变，不能将来自垂直偏光镜的垂直方向的光波旋转，也不能通过水平偏光镜到达反射镜，这时透过垂直偏光镜看液晶时，液晶呈黑暗的状态。因此将液晶制成字符段，通过控制每个字符段的通电状态，就可使液晶显示不同的字符，如图 7-19 所示。

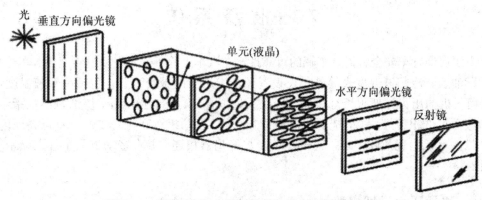

图 7-18　当液晶不加电场时液晶能将光波旋转示意图

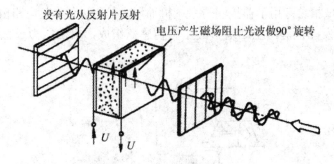

图 7-19　当液晶加电场时液晶不能将光波旋转示意图

3) 液晶显示器的优点

(1) 即使自然光很强，也不影响它的对比度。

(2) 工作电压低，最小可达约 3 V，功耗小。

(3) 它是一种独立的组装件，易于安装、保养。

(4) 可用于多种形式的显示。

(5) 电路板图形设计自由度极高，工艺简单，成本低。

4) 液晶显示器的缺点

(1) 在黑暗时，需要外部光源，这与 LED 显示刚好相反。

(2) 低温响应特性较差，即在低温时不能很好工作，一般工作温度为(0～60)℃，这就限制了它在汽车上的某些应用。

5) 液晶显示器的应用范围

(1) 故障显示：可显示 20 个左右的故障。

(2) 显示汽车的各种功能或状态：如油压、冷却液温度、冷却液面、充电电压、燃油液面、风窗玻璃喷洗液面以及发动机罩、行车箱盖、四个车门的开闭状态等。

(3) 提示系统需要维修的信息显示：当汽车需要进行维修时，显示报警信息，如更换机油、更换滤芯、更换和调整轮胎信息等，同时还能显示出在维修前尚允许行驶的公里数。

7.3 报 警 系 统

为了保证行车安全和提高车辆的可靠性，在汽车上除了安装发动机转速表、车速里程表、燃油表、冷却液温度表等外，还设置了一定数量的报警装置，包括冷却液温度过高报警灯、机油压力过低报警灯、制动气压不足报警灯、充电指示灯、燃油量不足指示灯、制动液面过低报警灯、驻车制动器未松警告灯等。发动机运转时警告灯一直点亮或闪烁，指示相关单元出现故障，某些警告灯可能与蜂鸣器相连，并在多功能显示屏上显示相关信息。

7.3.1 机油压力过低报警灯

机油压力过低报警灯用于监控润滑系统机油压力是否过低，其电路由仪表板上的红色报警灯和安装在发动机润滑主油道上的压力传感器组成，机油压力过低报警灯电路如图 7-20 所示。

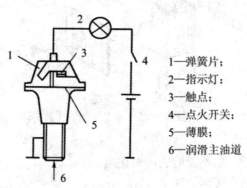

1—弹簧片；
2—指示灯；
3—触点；
4—点火开关；
5—薄膜；
6—润滑主油道

图 7-20　机油压力过低报警灯电路

当点火开关接通，但发动机未起动时，机油压力传感器内的弹簧片 1 使触点 3 保持在闭合状态，此时仪表板上的机油压力过低报警灯亮起。发动机起动后，发动机润滑主油道的油压上升至正常值时，机油压力推动薄膜向上移动，通过推杆将触点顶开，报警灯熄灭。当发动机工作时若出现机油压力过低的情况，触点就会在弹簧力的作用下闭合，使机油压力过低警报灯亮起，以示警告。

7.3.2　燃油量不足指示灯

燃油量不足指示灯用于指示燃油箱内燃油将要耗尽，以提醒驾驶员及时加油。燃油量不足指示灯电路由仪表板上的指示灯和安装在燃油箱内的热敏电阻式燃油油量报警传感器组成，图 7-21 所示为燃油量不足指示灯电路图。当燃油箱内燃油量较多时，负温度系数的热敏电阻元件浸没在燃油中散热快，其温度较低，电阻值大，所以电路中电流很小，报警灯处于熄灭状态；当燃油量减少到规定值以下时，热敏电阻元件露出油面，散热慢，其温度升高，电阻值减少，电路中电流增大，则报警灯点亮。

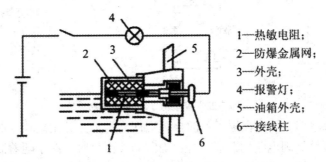

1—热敏电阻；
2—防爆金属网；
3—外壳；
4—报警灯；
5—油箱外壳；
6—接线柱

图 7-21　燃油量不足指示灯电路

7.3.3　制动气压不足报警灯

采用气制动的汽车都装有气压不足报警灯，该报警灯用于气压制动系统压力过低时报警。气压不足报警灯电路由安装在制动系贮气筒或制动阀压缩空气输入管路中的气压开关和安装在仪表板上的报警灯组成，图 7-22 为制动气压不足报警灯电路图。

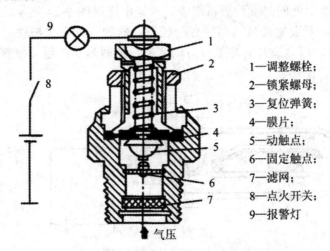

1—调整螺栓；
2—锁紧螺母；
3—复位弹簧；
4—膜片；
5—动触点；
6—固定触点；
7—滤网；
8—点火开关；
9—报警灯

气压

图 7-22　制动气压不足报警灯电路

气压开关内的触点由弹簧力使其保持闭合状态，在制动气压正常的情况下，气压推动膜片上移而使触点断开，气压过低报警灯不亮；当制动系贮气筒内的气压不足时，膜片便在复位弹簧力的作用下向下移动，使触点闭合，此时如果点火开关处于接通状态，制动气压不足报警灯就亮起以示警告。

7.3.4　制动液不足报警灯

采用液压制动方式的汽车都装有制动液不足报警灯，当制动液面低于设定值时报警灯就会亮，以提醒驾驶人员注意。制动液不足报警电路由仪表板上的报警灯和安装在制动液贮液罐中的传感器组成，其监控电路如图 7-23 所示。

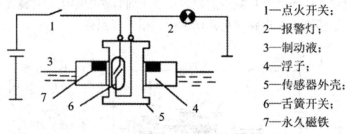

1—点火开关；
2—报警灯；
3—制动液；
4—浮子；
5—传感器外壳；
6—舌簧开关；
7—永久磁铁

图 7-23　制动液不足监控电路

当制动液足够多时，固定在浮子上的永久磁铁离舌簧开关距离较远而不能吸合舌簧开关，制动液不足报警灯因电路切断而不亮；当制动液不足时，浮子随着制动液面下降到设定极限以下，永久磁铁离舌簧开关的距离较近而将舌簧开关吸合，制动液不足报警灯因电路接通，液面不足报警灯就会亮起，以示警告。

7.3.5　冷却液温度过高报警灯

冷却液温度过高报警灯是用来监控冷却液温度是否过高，当冷却液温度超过正常值时，报警灯就会发亮，以示警告。报警电路主要由仪表板上的温度报警灯和安装于发动机缸体冷却水道处的温度传感器组成。报警电路如图 7-24 所示，在传感器壳内装有条形双金属片，双金属片自由端焊有动触点，静触点则直接搭铁。当冷却液温度升高到 95～98℃时，双金属片向静触点方向弯曲，使两触点接触，报警电路接通，红色报警灯点亮。

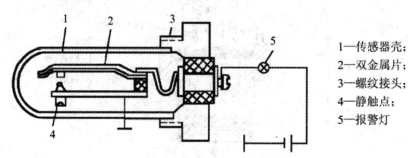

1—传感器壳；
2—双金属片；
3—螺纹接头；
4—静触点；
5—报警灯

图 7-24　冷却液温度过高监控报警电路

7.3.6　制动蹄片磨损报警灯

制动蹄片磨损报警灯的作用是提醒驾驶员制动摩擦片已磨损到使用极限。磨损报警灯电路如图 7-25 所示，其将多金属触点埋在摩擦片的适当位置，当摩擦片磨损到使用极限厚度时，金属触点就会与制动盘接触而接通报警灯电路，使仪表板上的报警灯亮起，以示警告。

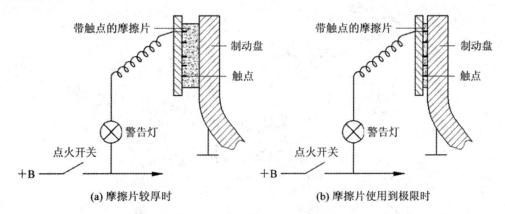

图 7-25　制动蹄片磨损报警电路

7.3.7　制动灯断线报警灯

制动灯的作用是当驾驶人踩下制动踏板时，制动灯即亮起，并发出红色光，提醒后面的车辆注意，避免追尾事故发生。制动灯断线报警灯的作用是一旦制动灯损坏，安装在仪表盘上的报警灯点亮，以示警告。

制动灯断线报警灯控制电路如图 7-26 所示，在制动灯正常情况下踩下制动踏板，制动灯开关接通，电流分别经左、右电磁线圈，使左、右制动信号灯点亮，此时，左、右两线圈所产生的磁场互相抵消，舌簧开关在自身弹力作用下触点分开，报警灯不亮；一旦某一制动信号灯线路断路或者灯丝烧断的情况下踩下制动踏板，则相应的左电磁线圈或右电磁线圈无电流通过，而通电的线圈所产生的磁场吸力吸动舌簧开关的触点闭合，与舌簧开关串联的报警灯点亮，以示警告。

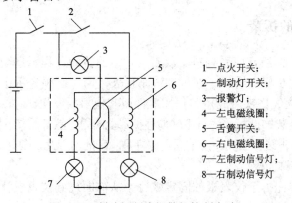

1—点火开关；
2—制动灯开关；
3—报警灯；
4—左电磁线圈；
5—舌簧开关；
6—右电磁线圈；
7—左制动信号灯；
8—右制动信号灯

图 7-26　制动灯断线报警灯控制电路

7.3.8　驻车制动未松警告灯

驻车制动未松警告灯的作用有两个方面：一是提醒驾驶员汽车处于驻车制动状态，不能挂挡起步；二是双管路驻车制动系统中有管路失效。它由仪表板上的警告灯和安装在驻车制动操纵杆处的控制开关组成，图7-27所示为差压开关式驻车制动未松警告控制原理图。

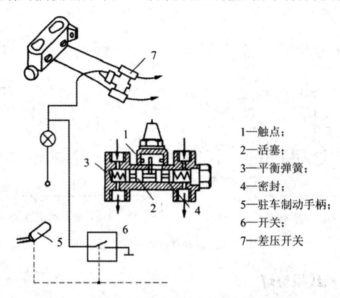

1—触点；
2—活塞；
3—平衡弹簧；
4—密封；
5—驻车制动手柄；
6—开关；
7—差压开关

图7-27　差压开关式驻车制动未松警告控制原理图

当汽车处于驻车制动时，若接通点火开关，则指示灯亮，提醒驾驶员在挂挡起步之前，应松开驻车制动器，当松开驻车制动器后，指示灯熄灭。

另外一种情况是当双管路制动正常时，活塞处于平衡弹簧控制的中间位置，指示灯不亮；当任一管路失效后，其管路压力下降，当压差达到1000 kPa以上时，活塞向一边偏移，接通触点，指示灯点亮，以示警告。

7.4　仪表与报警系统的检修

7.4.1　汽车仪表的拆装

图7-28所示为神龙·富康系列轿车仪表及护罩的拆卸过程示意图，其拆卸步骤如下：

(1) 拆下蓄电池负极电缆线。在拆卸汽车仪表之前，必须先拆下蓄电池负极电缆线，以防止拆卸过程中火线搭铁造成短路损坏器件或其他事故发生。

(2) 拆组合仪表装饰面板。先拆卸转向柱护罩上的固定螺钉，取下护罩，卸掉装饰板上的固定螺钉，然后再取下装饰面板。由于固定螺钉是隐蔽的，因此，要仔细查找固定螺钉，否则强行拆卸将会损坏装饰面板。

(3) 拆卸仪表。先拆下仪表板的固定螺钉，从前面绕到仪表板背面，然后卸下车速表转轴，从仪表板上取下仪表。

(4) 拆卸插头。拔下仪表板电路板插座上的仪表插头，以及所有的仪表板照明及指示灯插座。

(5) 拆卸电路板。先卸下电路板上的所有连接螺钉，然后取下电路板。

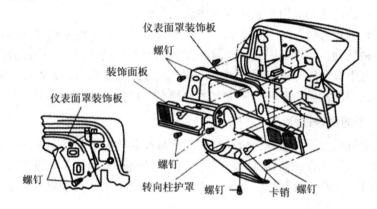

图 7-28 仪表板及护罩的拆卸示意图

拆下汽车仪表后应仔细检查有无元器件损坏，并及时更换损坏的元件。检查完后进行安装，仪表板的安装按照相反的顺序进行。

7.4.2 汽车仪表的故障诊断方法

汽车仪表上的元器件及连接插件较多，电路也较为复杂，一旦遇到故障，初学者不知如何下手，下面归纳了几种比较常用的诊断方法，仅供参考。

1. 汽车仪表的拆线诊断法

汽车仪表的工作过程一般是由传感器检测信息，经处理后送给仪表显示器显示。因此，如果汽车仪表出现读数异常，经分析判别可能是传感器内部或传感器与指示仪表间的导线存在搭铁故障时，常采用拆线诊断法进行检查，即通过拆除有关接线柱上的导线来判断故障的原因及部位。下面以电磁式燃油表故障诊断为例进行说明。

故障现象：油箱内无论多少燃油，指针总指示无油状态。

故障原因：

① 传感器故障；

② 电路中有断路故障；

③ 燃油表本身故障等。

故障分析：

进行故障检测与诊断分析时应遵循从简单到复杂的原则，下面将结合图 7-6 所示电磁式燃油表结构原理图进行分析。当油箱油位过低时，浮子带动滑片移动，此时传感器的电阻值很小，燃油表指针指向"0"；当传感器内部搭铁或浮子损坏，以及传感器与燃油表之间的导线搭铁时，此时无论油箱内油量多少，接通点火开关后，燃油表指针总指向"0"，可初步确定为传感器故障。

故障诊断：

对于上述故障，可采用拆线法进行检查。首先，拆下可变电阻接线柱 8 端子，这时相当于传感器上的可变电阻的阻值为无穷大，此时，若燃油表指针向"1"处移动，说明传感器内部浮子损坏。若燃油表指针仍然指向"0"处不动，则应拆下燃油表上的传感器接线柱，此时，若仪表指针向"1"移动，说明燃油表至传感器间的导线搭铁；反之，若指针仍不动，则可能是燃油表内部损坏或其电源线断路。

与电磁式燃油表一样，对于双金属片式冷却液温度表，无论水温是多少，冷却液温度表指针均指向最低处；对于电磁式冷却液温度表，无论水温是多少，冷却液温度表指针均指向最高处；对于双金属片式机油压力表，无论机油压力是多少，机油压力表的指针均向最高值偏转。它们的故障检测与诊断的基本原理是一样的，均可采用拆线诊断法。

2. 汽车仪表的搭铁诊断法

当汽车仪表读数异常，通过分析和推断确定可能是传感器搭铁不良或损坏，或是传感器与指示仪表间的导线存在断路故障，可采用搭铁法进行诊断，即利用导线将有关接线接搭铁，可判断故障的原因及部位。下面以捷达轿车的双金属片式冷却液温度表故障诊断为例进行说明。

故障现象：当接通点火开关后，仪表盘上的冷却液温度表无论水温是多少度，冷却液温度表指针均指向温度最高处。

故障原因：

① 传感器故障；

② 电路中有断路故障；

③ 冷却液温度表本身故障等。

故障分析：

结合图 7-4 所示捷达轿车的双金属片式冷却液温度表原理图进行分析。当传感器搭铁不良或损坏，或是传感器与指示仪表间的导线存在断路故障，此时，即使冷却液温度较低，但流经加热线圈的平均电流减小，双金属片变形较小，指针偏转小，指示较高温度，根据故障现象，可初步确定为传感器搭铁不良或损坏，或传感器与指示仪表间的导线存在断路故障。

故障诊断：

对于上述故障，可采用搭铁诊断法进行检查。首先，将传感器的接线柱 4 用导线直接搭铁，然后观察指针转动情况。若指针转动，说明传感器损坏或搭铁不良。若指针仍然不转动，可用导线将指示仪表的接线柱 5 搭铁，此时若指针转动，说明传感器与指示仪表之间导线存在断路故障；若指针仍不转动，则说明指示仪表内部损坏，或其电源线断路。

3. 汽车仪表的模拟诊断法

模拟诊断法是指通过模拟汽车运行过程中的工作条件，确认故障原因及部位。模拟诊断法又分为模拟压力、模拟温度、模拟位置、模拟电阻诊断法等。

(1) 模拟压力诊断法。

故障现象：在发动机运转过程中，如果发现机油压力表指针总是指向较低值。

故障诊断方法：

为判别机油压力传感器是否失效，可将其从发动机上拆下(注意要将螺栓口堵住)，然后用一根无尖头的铁钉压向传感器膜片，以模拟发动机机油主油道内的压力，如指针向高处偏转，说明传感器没有失效，应检查发动机的机油油路是否存在故障。

(2) 模拟温度诊断法。

故障现象：电磁式冷却液温度表读数不准。

故障诊断方法：

将热敏电阻式水温传感器从发动机上拆下，放入盛水的烧杯内，并用火加热。同时，在烧杯内插入温度计，把万用表的两个表笔分别与传感器的接线柱和外壳相连接，读出不同水温时的电阻值，并与标准值比较。若与标准值相差较多，则说明水温传感器失效，应予以更换。

(3) 模拟位置诊断法。

故障现象：油箱内无论多少燃油，指针总显示无油状态。

故障诊断方法：

将浮子自高位向低位移动，以模拟油箱内油位的高低变化。同时，分别测出浮子在最高、中间、最低等位置的电阻值，并与标准值进行比较，由此判断传感器是否失效。

4. 汽车仪表的测试灯诊断法

(1) 测试灯的选择。

一般测试灯的额定电压应与汽车上的工作电压相一致，功率一般在 10 W 以下，测试灯一端接鳄鱼夹，另一端接万用表的一支表笔。

(2) 故障诊断方法。

将鳄鱼夹夹在搭铁线上，用万用表的另一支表笔去接触检测点，如果检测点上有电压，测试灯就点亮，以此来判断仪表电源及线路是否正常。

上述各种故障诊断方法可以单独使用，也可以混合或交叉使用，还可以联合使用，以快捷、方便地找出故障为原则。

7.4.3　报警系统的故障诊断方法

1. 警报灯不亮的故障诊断

故障现象：一辆解放 CA1091 型货车，接通点火开关后，机油压力警报灯及驻车制动器未松警报灯均不亮，发动机能正常起动。

故障原因分析：

如图 7-29 所示为解放 CA1091 型货车仪表与指示灯系统电路，初步断定故障原因有以下几点：

① 8 号熔断器烧断或警报灯电源线路有断路；

② 机油压力警报灯及驻车制动器未松警报灯的灯泡均烧坏；

③ 机油压力开关及驻车制动开关均接触不良或线路连接不良。

故障诊断方法：

通常情况下，此种故障现象是由故障原因①所造成，故障原因②或故障原因③的概率极小。因此，应首先检查 8 号熔断器熔丝是否已烧断，如果熔断器的熔丝已烧断，更换熔断器，并检查相关线路有无短路之处；如果熔断器正常，则检查熔断器是否插牢、警报灯的线路连接有无松动，若线路连接也正常，再检查警报灯及其开关。

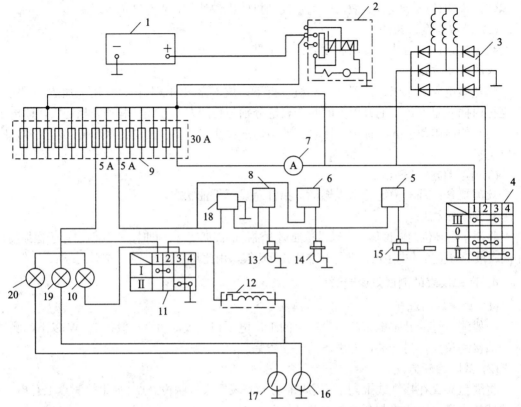

1—蓄电池；2—起动机；3—发电机；4—点火开关；5—燃油表；6—机油压力表；7—电流表；
8—冷却液温度表；9—熔断器盒；10—驻车制动报警灯；11—驻车制动开关；12—气压报警蜂鸣器；
13—冷却液传感器；14—油压传感器；15—燃油传感器；16—气压报警开关；17—油压报警开关；
18—稳压器；19—气压报警灯；20—油压报警灯

图 7-29　解放 CA1091 型货车仪表与指示灯系统电路

2. 气压警报蜂鸣器不响的故障诊断

故障现象：一辆解放 CA1091 型货车，气压表指示的气压小于最低限值或无气压时，松开驻车制动器，气压警报蜂鸣器不响。

故障原因分析：

仍以图 7-29 所示解放 CA1091 型货车仪表与指示灯系统电路为例分析，初步断定故障原因有：

① 气压报警开关有故障；

② 气压警报蜂鸣器已损坏；

③ 驻车制动开关有故障；

④ 气压报警蜂鸣器线路接触不良。

故障诊断方法：

① 在气压过低时接通点火开关，看气压警报灯是否亮，如果气压警报灯不亮，则需检修或更换气压报警开关；如果气压警报灯能亮，则进行下一步故障诊断；

② 将驻车制动开关的 1 号端子与 2 号端子短接，听气压警报蜂鸣器是否鸣响，如果

能响，则检修或更换驻车制动开关；如果不响，则检修线路连接，若线路无问题，则更换蜂鸣器。

【知识拓展】

为了保证行车安全和提高车辆的可靠性，一般汽车除了在仪表盘上安装发动机转速表、车速里程表、燃油表、冷却液温度表等外，还设置了一定数量的报警装置，包括冷却液温度过高报警灯、机油压力过低报警灯、气压不足报警灯、充电指示灯、燃油量不足指示灯、制动液面过低报警灯、驻车制动器未松警告灯等，如表 7-2 所示。这些警告灯若一直被点亮或发动机运转时一直闪烁，则指示相关单元出现故障。某些警告灯可能与蜂鸣器相连，并在多功能显示屏上出现报警信息，因此掌握报警装置作用和警示灯的符号与含义非常重要。

表 7-2 常见的报警灯图形符号及含义

序　号	图形符号	名　称	含　义
1		发动机故障指示灯	发动机电控系统异常时，指示灯被点亮
2		防盗指示灯	发动机防盗系统异常时，指示灯被点亮
3		充电指示灯	充电系统出现故障时，指示灯被点亮
4		水温指示灯	冷却液温度超过规定值，指示灯被点亮
5		ABS 指示灯	指示灯未闪亮或起动后仍不熄灭，表明 ABS 出现故障
6		驻车制动器报警灯	驻车制动器起作用时，指示灯被点亮
7		手刹指示灯	当手刹被拉起后，指示灯被点亮
8		胎压低警示灯	当轮胎气压低于规定值，指示灯被点亮
9		气囊指示灯	安全气囊出现故障时，指示灯被点亮
10		刹车片磨损指示灯	刹车片厚度低于规定值，指示灯被点亮
11		清洗液液位低指示灯	清洗液液位低于规定值，指示灯被点亮

序号	图形符号	名　　称	含　　义
12		柴油发动机预热指示灯	发动机起动前还未充分暖机，指示灯被点亮
13		机油压力报警灯	发动机机油压力在 0.03 MPa 以下时，指示灯被点亮
14		远光指示灯	当远光灯打开时，指示灯被点亮
15		转向灯指示灯	点亮转向灯时，同时点亮相应方向的转向指示灯
16	EPC	EPC 指示灯	车辆起动后指示灯不熄灭，说明车辆机械与电子系统有故障
17		安全带指示灯	安全带没有扣紧时，指示灯被点亮
18		车门指示灯	任意车门未关上，或者未关好，指示灯被点亮
19	VSC	VSC 指示灯	VSC(电子车身稳定系统)系统被关闭时，指示灯点亮
20		示宽指示灯	当示宽灯打开时，指示灯被点亮
21		油量指示灯	油箱内油量不足时，指示灯被点亮
22		雾灯指示灯	当前后雾灯打开时，指示灯相应的标志就会被点亮
23	O/D OFF	O/D 挡指示灯	O/D 挡超速挡锁止时，指示灯闪亮，此时加速油耗会增加
24		刹车盘指示灯	当刹车盘出现故障或磨损过度时，指示灯被点亮
25		玻璃水指示灯	当玻璃清洁液不足时，指示灯被点亮
26		TCS 指示灯	当 TCS 系统(牵引力控制系统)被关闭时，指示灯被点亮
27		行李箱盖关闭指示灯	当行李箱盖未关闭时，指示灯被点亮
28		空调滤清器故障指示灯	空调滤清器堵塞严重时，指示灯被点亮

思 考 与 练 习

一、填空题

1. 机油压力表的作用是在发动机运转时,指示发动机_____和发动机_____工作是否正常。

2. 汽车报警系统由_____和_____组成。

3. 车速里程表是用来指示汽车行驶_____和累计行驶_____的仪表。

4. 燃油表是用来指示燃油箱内燃油的_____,燃油表有_____和_____两种,传感器都是_____。

5. 热敏电阻是一种_____材料,其电阻值的大小随_____变化而特别敏感。

6. 车辆上常用的显示装置有发光二极管_____、_____、电致发光显示器等。

二、选择题

1. 热敏电阻式冷却液温度表,当水温低时(　　)。

A. 热敏电阻值变小　　　　　　　　　　B. 双金属片变形小

C. 双金属片变形大　　　　　　　　　　D. 双金属片不变形

2. 在冷却液温度表中,双金属片的动触点与固定触点闭合时间短、分开时间长,指示的水温值(　　)。

A. 低　　　　　　B. 高　　　　　　C. 不变　　　　　D. 不定

3. 电热式机油压力表,当油压升高时(　　)。

A. 热敏电阻值变小　　　　　　　　　　B. 双金属片变形小

C. 双金属片变形大　　　　　　　　　　D. 双金属片不变形

4. 燃油表一般采用(　　)类型的传感器。

A. 双金属式　　　　B. 热敏电阻式　　　　C. 可变电阻式　　D. 磁感应式

5. 发动机冷却液温度表一般采用(　　)类型的传感器。

A. 双金属式　　　　B. 热敏电阻式　　　　C. 可变电阻式　　D. 磁感应式

6. 发动机处于正常情况下冷却液温度表的指示值为(　　)。

A. 75℃~90℃　　　B. 75℃~80℃　　　C. 85℃~95℃　　D. 85℃~100℃

7. 机油压力过低报警灯报警开关安装在(　　)上。

A. 润滑油主油道　　　　　　　　　　　B. 发动机曲轴箱

C. 气门室罩盖　　　　　　　　　　　　D. 节气门体

8. 刻度从左到右在减小的仪表是(　　)。

A. 水温表　　　　　　B. 燃油表　　　　　　C. 机油压力表　　D. 车速表

9. 对于电热式机油压力表,传感器的平均电流越大,压力表的指示值(　　)。

A. 越大　　　　　　　　　　　　　　　B. 越小

C. 可能大,也可能小　　　　　　　　　D. 不变

10. 电热式水温表传感器在冷却液的温度升高时( )。

A. 双金属片使触点压力减弱　　　　　B. 双金属片使触点压力增加

C. 双金属片的变形不影响触点的压力　D. 双金属片的压力不变

11. 机油压力表中指针的摆动角度大小取决于( )。

A. 发动机的转速　　　　　　　　　　B. 电热丝中的平均电流

C. 电热丝中的最大电流　　　　　　　D. 发动机的机油量

三、判断题(对的打"√"，错的打"×")

1. 油压表传感器一般装在发动机主油道或细滤器上。( )

2. 发动机正常工作时，水温一般应在75℃～90℃之间。( )

3. 冷却液温度传感器安装在发动机气缸盖的冷却液套上。( )

4. 正温度系数热敏电阻的阻值随温度的升高而降低。( )

5. 里程表的计数器数码是随着里程的积累而增加的。( )

6. 半导体热敏电阻水温传感器通常为负温度系数。( )

7. LCD显示器是属于非发光型的。( )

8. 制动液面过高时报警灯被点亮。( )

9. 燃油表指针指在"1/2"时，表示油箱无油。( )

10. 汽车仪表系统主要由仪表和传感器组成。( )

11. 电热式水温表传感器在短路后，水温表将指向高温。( )

12. 电热式机油压力表传感器在机油压力越高时，所通过的平均电流越大。( )

四、简答题

1. 汽车发动机润滑油压力表的功用是什么？请说明双金属片式机油压力表的工作原理。

2. 汽车发动机冷却水温度表的功用是什么？请说明双金属片式冷却水温度表的工作原理。

3. 汽车燃油表的功用是什么？请说明电磁式燃油表的工作原理。

4. 汽车发动机转速表的功用是什么？请说明电磁感应式发动机转速表的工作原理。

5. 汽车数字仪表有哪些优点？

第八章　汽车辅助电器组成及检修

8.1　汽车风窗清洁装置

8.1.1　汽车风窗清洁装置的机械结构与电机调速原理

1. 风窗清洁装置的功能

汽车风窗清洁装置的主要功能是清除驾驶室前、后玻璃上妨碍驾驶员视线的雨水、雾气、雪花以及尘埃等，确保行车安全。

2. 风窗清洁装置的机械结构

如图 8-1 所示为电动雨刮器的机械结构示意图，它主要由雨刮电机、传动机构及刮水片等组成。雨刮电机 11 旋转时，其运动通过蜗杆 10 和蜗轮 9 减速后，使与蜗轮 9 上偏心相连的拉杆 8 作往复运动，通过拉杆 7、3 及摆杆 2、4、6 带动左、右两刮水片摆臂 1、5 作往复摆动，刮水片摆臂上的橡皮刷便刮去风窗玻璃上的污物，达到清洁风窗玻璃的目的。

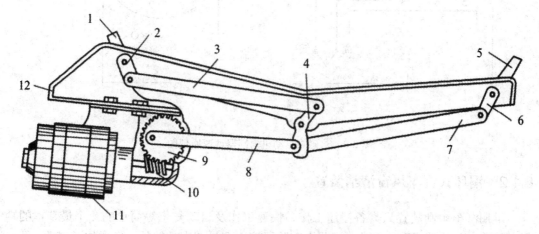

1、5—刮水片摆臂；2、4、6—摆杆；3、7、8—拉杆；
9—蜗轮；10—蜗杆；11—雨刮电机；12—底板

图 8-1　电动雨刮器的机械结构图

3. 雨刮电机的变速原理

电动雨刮器刮水片的摆动速度取决于电动机的转速，电动机转速的高低可通过三个永磁电刷变换导体数进行变速，永磁式雨刮电机调速原理如图 8-2(a)所示。

永磁式直流电动机的转速公式为

$$n = \frac{U - I_s R}{KZ\Phi} \tag{1}$$

其中：U 为雨刮电机端电压；I_s 为流过电枢绕组中的电流；R 为电枢绕组的电阻；K 为电机常数；Z 为正、负电刷间串联的导体数；Φ 为磁极磁通。

雨刮电机有高、低两个转速，通常采用改变两电刷间串联的导体数方法进行调速，其调速原理如式(1)。一般雨刮电机制造完成后，其电机常数 K 和电枢绕组的电阻 R 等参数是固定的，雨刮电机正常工作时，雨刮电机端电压 U 和流过电枢绕组中的电流 I_s 也基本不变，因此，雨刮电机可以通过调节磁极磁通 Φ 和导体数 Z 两个参数来改变电机转速 n。一般雨刮电机都采用永磁电机，所以磁极磁通 Φ 也是确定的，雨刮电机只要改变导体数 Z 就可以改变电机转速 n。电机转速 n 与导体数 Z 成反比，导体数 Z 增大，电机转速 n 变小。由图 8-2(b)可知，当雨刮器开关处于 I 挡时，电源正、负极分别连接到 A、B 两个碳刷，A、B 两电刷间串联的导体数 Z 为 4 匝，匝数较多，则雨刮电机转速较低；当雨刮器开关处于 II 挡时，电源正、负极分别连接到 A、C 两个碳刷，A、B 两电刷间串联的导体数 Z 为 3 匝，匝数较少，则雨刮电机转速较高。

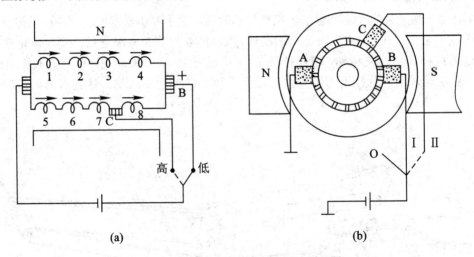

(a)　　　　　　　　　　　　　　　　　(b)

图 8-2　永磁式电动机雨刮器调速原理图

8.1.2　铜环式汽车风窗清洁装置

早期汽车雨刮装置只具备慢速工作、快速工作及自动复位等简单的几个最基本的功能。随着汽车驾驶速度的提升，现代汽车除了这三个最基本功能外，还增加了间歇工作、喷水清洗等功能，图 8-3 所示是铜环式汽车风窗清洁装置。

1. 慢速工作挡

当遇到雾天、小雨或下雪等情况时，只要求雨刮器慢速工作，此时，将雨刮器控制开关置于 I 挡位置，则电流回路为：蓄电池正极→I 挡→B2→B1→蓄电池负极，雨刮器处于慢速工作状态。

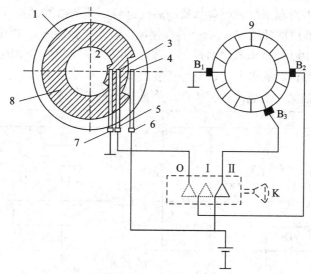

1—蜗轮；2、3、4—触点；5、6、7—触点臂；8—铜环；9—换向器

图 8-3 铜环式汽车风窗清洁装置原理图

2. 快速工作挡

当遇到大雨等情况时，需要雨刮器快速工作，则将雨刮器控制开关置于 II 挡位置，电流回路为：蓄电池正极→II 挡→B3→B1→蓄电池负极，雨刮器处于快速工作状态。

3. 自动复位机构

当刮水片没有停留在挡风玻璃下缘位置时关闭雨刮器控制开关，停留在风窗玻璃上的刮水片将会影响驾驶员的视线，为此，电动雨刮器都设有自动复位机构。在雨刮器关闭时，刮水片无论停留在任何位置，自动复位机构都会自动让刮水片回归到挡风玻璃下缘位置。铜环式自动复位机构原理如图 8-3 所示。当雨刮电机旋转时，铜环 8 也随着转动，此时将雨刮器控制开关从其他挡位旋转到 O 挡时，如果刮水片正好在挡风玻璃下缘位置，铜环 8 的缺口转到触点 4 处，触点 4 和触点 3 处于断开状态，这时电机控制电路处于断路状态，雨刮电机停止旋转。如果刮水片不在挡风玻璃下缘位置，铜环 8 使触点 4 和触点 3 处于连接状态，这时雨刮电机仍然通电转动。其电流回路为：蓄电池正极→触点 4→铜环→触点 3→开关 O 挡→B2→B1→蓄电池负极。雨刮电机仍然在慢速旋转。当刮水片转到挡风玻璃下缘位置时，铜环 8 的缺口转到触点 4 处，使触点 4 与触点 3 不连接，雨刮电机与电源断开，这时，在铜环 8 内圆周上的凸块使触点 3 与触点 2 连接，将电枢绕组搭铁，使电动机电枢在停转前形成短路电流，产生制动转矩，从而使电动机迅速停转，确保刮水片停位准确。

8.1.3 电子控制式汽车风窗清洁装置

当汽车在蒙蒙细雨或雾天的气候条件下行驶时，如果雨刮器刮片连续快速刮擦风窗玻璃，那么风窗玻璃表面就会形成一层由微量水分和灰尘组成的发粘层，该发粘层将使风窗玻璃模糊不清，影响驾驶员的视线。所以，现代的汽车上都装备了电子式间歇雨刮控制器，当汽车在细雨或雾天情况下行驶时，只要拨通间歇雨刮控制器的刮水开关，雨刮器刮片摆动一次或两次后，就周期性地停止(4～6) s，使风窗玻璃表面清晰。如图 8-4 所示为采用了电子控制式的奥迪 100 型轿车雨刮器控制电路，该雨刮器控制电路由间歇雨刮控制器、刮水器开关、洗涤电动机、刮水电动机与停机复位机构、点动刮水挡位、停机挡位、间歇刮水挡位、慢速刮水挡位、快速刮水挡位和洗涤玻璃挡位等组成。

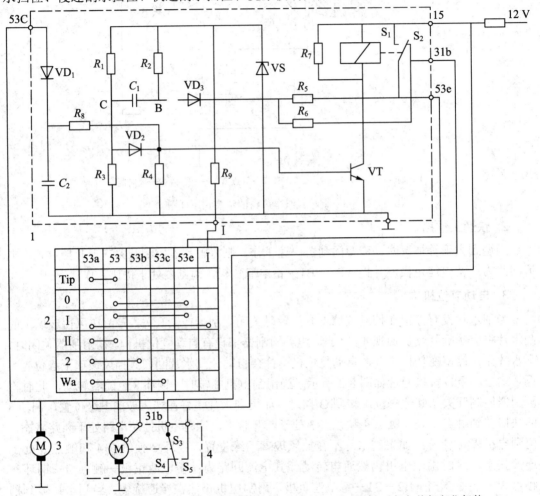

1—间歇雨刮控制器；2—刮水器开关；3—洗涤电动机；4—刮水电动机与停机复位机构；
Tip—点动刮水挡位；0—停机挡位；Ⅰ—间歇刮水挡位；Ⅱ—慢速刮水挡位；
2—快速刮水挡位；Wa—洗涤玻璃挡位

图 8-4　奥迪 100 型轿车雨刮器控制电路

奥迪 100 型轿车雨刮器工作原理介绍如下。

1. 点动慢速刮水功能

(1) 当刮水器开关置于点动刮水挡位 Tip 位置时，其电流通路为：蓄电池正极→熔断器→刮水器开关的 53a 端子→刮水器开关的 53 端子→刮水电动机→蓄电池负极。于是，刮水电动机慢速旋转，雨刮器慢速工作。

(2) 将刮水器开关置于停机挡位 O 挡位置，如果雨刮片还没有转到挡风玻璃下缘位置，此时，停机复位机构中的 S_3 与 S_5 接通，其电流通路为：蓄电池正极→熔断器→刮水电动机与停机复位机构的 S_5 →刮水电动机与停机复位机构的 S_3 →间歇雨刮控制器的 31b 端子→间歇雨刮控制器的 S_2 →间歇雨刮控制器的 53e 端子→刮水器开关 53e 端子→刮水器开关 53端子→刮水电动机→蓄电池负极。刮水电动机继续旋转，使雨刮片转到挡风玻璃下缘位置，刮水电动机与停机复位机构中的 S_3 与 S_5 断开，刮水电动机由于电路断开而停止旋转。

2. 间歇刮水挡位功能

(1) 当刮水器开关置于 I 挡位置时，电容器 C_1 被充电，雨刮器慢速刮水(刮洗时间为 $(2\sim4)$ s)。电流回路为：蓄电池正极→熔断器→刮水器开关的 53a 端子→刮水器开关的 I 挡→间歇雨刮控制器的 I 挡→间歇雨刮控制器的 R_9 →间歇雨刮控制器的 R_2 →间歇雨刮控制器的 C_1 →间歇雨刮控制器的二极管 VD_2 →间歇雨刮控制器的三极管 VT 基极→间歇雨刮控制器的三极管 VT 发射极→蓄电池的负极。此时，电容器 C_1 的 C 端电位为 1.6 V，B 端电压为 5.6 V，电容器 C_1 两端的电位差为 4 V。电容器 C_1 充电过程中，其充电电流等于三极管 VT 的基极电流，从而使三极管 VT 的集电极与发射极导通，接通了间歇雨刮控制器的继电器 S_1 线圈电路。其电流通路为，蓄电池正极→熔断器→刮水器开关的 15 端子→刮水器开关的继电器 S_1 →刮水器开关的三极管 VT→蓄电池负极。由于继电器 S_1 线圈通电产生电磁吸力使其常闭触点 S_2 断开、常开触点 S_1 闭合，接通刮水电动机电路，其电流回路为：蓄电池正极→熔断器→刮水器开关的 15 端子→继电器 S_1 的常开触点→间歇雨刮控制器的 53e 端子→刮水器开关的 53e 端子→刮水器开关的 53 端子→刮水电动机→蓄电池负极。刮水电动机慢速旋转，雨刮器刮片慢速工作。

(2) 电容器 C_1 放电，雨刮器停止工作 $(4\sim6)$ s。当雨刮器刮片往返一次或两次后重新回到风窗玻璃的最下缘位置时，雨刮电机带动停机复位机构，使触点 S_3 与 S_4 接通，让间歇雨刮控制器的 31b 端子搭铁，为电容器 C_1 提供放电回路。电容器 C_1 的放电回路有两条，第一条是由 R_1、R_2 及 C_1 组成的回路，第二条放电电流回路为：电容器 C_1 的正极→间歇雨刮控制器的二极管 VD_3 →间歇雨刮控制器的电阻 R_6 →间歇雨刮控制器的 31b 端子→停机复位机构的 31b 端子→停机复位机构的触点 S_3 →停机复位机构的触点 S_4 →搭铁→间歇雨刮控制器的稳压二极管 VS→间歇雨刮控制器的电阻 R_1 →间歇雨刮控制器的电容器 C_1 负极。在电容器 C_1 放电瞬间，电路中 B 点电位迅速降低到 2.8 V，由于 C_1 两端放电前的电位差为 4 V，在放电瞬间将使 C 点电位降低为 -1.2 V，导致三极管 VT 因基极电位降低而截止，切断了间歇雨刮控制器中继电器的线圈电路，使常开触点 S_1 再次断开，常闭触点 S_2 再次闭合，恢复到间歇雨刮控制器 31b 端子与 53e 端子接通时的初始状态，并使电阻 R_5 与 R_6 并联，加速 C_1 放电，为 C_1 再次充电作好准备。从电容器 C_1 开始放电到再次充电使三极管 VT 再次导通所经历的时间即为雨刮器片停止工作时间，因此，间歇时间长短取决于电容器 C_1 的放电时间常数。

(3) 电容器 C_1 再次充电，雨刮器再次慢速刮水(刮洗时间为 $(2\sim4)$ s)。当间歇雨刮控制器的电容器 C_1 放电到一定程度时将被再次充电，随着间歇雨刮控制器的电容器 C_1 充电时间增长，电路中 C 点的电位将逐渐升高到接近 2 V 时，间歇雨刮控制器的三极管 VT 将再次被导通，间歇雨刮控制器的电容器 C_1 将再次充电，雨刮器电机电路再次接通并慢速旋转，雨刮器刮片再次慢速摆动刮水(刮洗时间为 $(2\sim4)$ s)，如此反复。

3. 慢速刮水挡位功能

当遇到小雨天气时，驾驶员通常会打开慢速刮水挡位，一方面可以清除风窗玻璃上的雨水，同时让雨刮片在刮水过程中对驾驶员的视线影响最小。此时电流通路为：蓄电池正极→熔断器→刮水器开关的53a端子→刮水器开关的53端子→刮水电动机→蓄电池负极。刮水电动机慢速旋转，雨刮器刮片慢速工作。

4. 快速刮水挡位功能

当遇到中或雨天气时，驾驶员通常会打开快速刮水挡位。此时电流通路为：蓄电池正极→熔断器→刮水器开关的53a端子→刮水器开关的53b端子→刮水电动机→蓄电池负极。刮水电动机快速旋转，雨刮器刮片快速工作。

5. 洗涤玻璃挡位功能

当风窗玻璃表面积累了较多灰尘时会影响驾驶员的视线，此时，驾驶员会打开洗涤玻璃挡位，对风窗玻璃表面进行喷水，同时雨刮器刮片对灰尘进行清除。风窗玻璃洗涤器结构如图8-5所示，由洗涤液泵、储液缸、洗涤液喷嘴、三通接头、连接软管等组成。当风窗玻璃需要洗涤时，应首先起动洗涤泵，使洗涤液从喷嘴喷到雨刮器的刮水片上，浸软尘土和污物后，才能开启雨刮器，利用雨刮器的刮片把玻璃上的尘土、污物及洗涤液一起刮除干净。

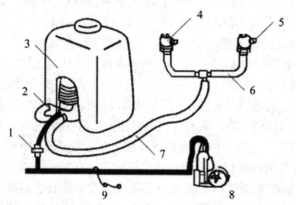

1—线路插接器；
2—洗涤液泵；
3—储液缸；
4、5—喷嘴；
6—三通接头；
7—软管；
8—刮水器控制盒；
9—熔断器

图 8-5　风窗玻璃洗涤器结构

洗涤玻璃挡位喷水与清除功能如下：

1) 喷水功能

当刮水器开关置于洗涤玻璃挡位时，首先接通喷水电路，其电流通路为：蓄电池正极→熔断器→刮水器开关的53a端子→刮水器开关的53c端子→洗涤电动机→蓄电池负极。洗涤电动机高速转动，带动水泵工作，向风窗玻璃表面喷射水。

2) 刮洗功能

在喷水的同时，给间歇雨刮控制器内的电容器 C_2 充电，其电流通路为：蓄电池正极→熔断器→刮水器开关的53a端子→刮水器开关的53c端子→间歇雨刮控制器的53c端子→间歇雨刮控制器的二极管 VD_1→间歇雨刮控制器的电容器 C_2→蓄电池负极。当电容器 C_2 的电量较少时，只喷水，雨刮器刮片是不工作的。当电容器 C_2 充满电后，此时，即使关闭洗涤玻璃挡位，由于电容器 C_2 放电，雨刮器刮片仍然会工作一段时间。电容器 C_2 放电电流通电路为：间歇雨刮控制器的电容器 C_2 正极→间歇雨刮控制器的电阻 R_8→间歇雨刮控制器的三极管 VT 基极→间歇雨刮控制器的三极管 VT 发射极→蓄电池负极→间歇雨刮控制器的电容器 C_2 负极。电容器 C_2 放电过程中，其放电电流等于三极管 VT 的基极电流，从而使三极管 VT 的集电极与发射极导通，接通了间歇雨刮控制器的继电器 S_1 线圈电路。其电流通路为，蓄电池正极→熔断器→刮水器开关的 15 端子→刮水器开关的继电器 S_1→刮水器开关的三极管 VT→蓄电池负极。由于继电器 S_1 线圈通电产生电磁吸力使其常闭触点 S_2 断开、常开触点 S_1 闭合，接通刮水电动机电路。其电流回路为，蓄电池正极→熔断器→刮水器开关的 15 端子→继电器 S_1 的常开触点→间歇雨刮控制器的 53e 端子→刮水器开关的 53e 端子→刮水器开关的 53 端子→刮水电动机→蓄电池负极。刮水电动机慢速旋转，雨刮器刮片慢速工作。当电容器 C_2 放电到一定程度后，导致三极管 VT 因基极电位降低而截止，切断了间歇雨刮控制器中继电器的线圈电路，使常开触点 S_1 再次断开，使刮水电动机因断路而停止旋转，雨刮器刮片停止工作。由上述分析可知，当打开洗涤玻璃挡位时，先给风窗玻璃表面喷水，停顿一定时间后雨刮器刮片再工作，停顿的时间取决于电容器 C_2 充放电时间。

8.1.4　风窗玻璃除霜装置

在寒冷且潮湿的环境下，风窗玻璃表面容易结霜，影响驾驶员的视线，所以，汽车上一般都装有风窗玻璃除霜装置。当前常用的除霜装置的形式有以下几种：

(1) 在风窗玻璃下面装热风管，向风窗玻璃吹热风即可除霜，并防止结霜。

(2) 在风窗玻璃内侧安装一些电阻丝(镍铬丝)，需要除霜时，通电加热即可除霜。

(3) 在风窗玻璃制造过程中，将含银的陶瓷电网嵌加在玻璃内，需要除霜时，给电网通电加热即可除霜。

(4) 在风窗玻璃上镀一层透明导电薄膜，需要除霜时，通电加热即可除霜。

图 8-6 所示为某一除霜时间可自动控制的后风窗玻璃除霜装置控制电路。

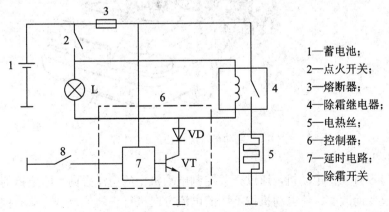

1—蓄电池；
2—点火开关；
3—熔断器；
4—除霜继电器；
5—电热丝；
6—控制器；
7—延时电路；
8—除霜开关

图 8-6　后风窗玻璃除霜装置控制电路

当驾驶员按下除霜开关 8，则给除霜控制器 6 一个低电平信号，延时电路 7 给三极管 VT 的基极提供电流，三极管 VT 导通，接通除霜继电器 4 的线圈电路。其电流通路为：

蓄电池 1 的正极→点火开关 2→除霜继电器 4 的线圈(除霜指示灯 L)→二极管 VD→三极管 VT→搭铁。结果是点亮除霜指示灯 L，同时接通除霜继电器 4 的常开触点，于是形成新的电流通路：蓄电池 1 的正极→点火开关 2→除霜继电器 4 的常开触点→电热丝→搭铁。结果是后风窗玻璃上的电热丝通电发热，使风窗玻璃表面的霜雪受热蒸发。控制器 6 中的延时电路 7 可使继电器 4 的线圈保持通电(10～20) min 后自动断电，使除霜器自动停止工作。如果在除霜器自动停止工作后还需要继续除霜，可再次按下除霜开关 8。

8.2　电动车窗装置

8.2.1　电动车窗结构与组成

1. 电动车窗的作用

为了方便驾驶员和乘客，大部分轿车都设置了电动车窗，驾驶员和乘客只需要操纵车窗升降开关，就可以使汽车门窗玻璃上升或下降。汽车驾驶员座车窗一般有手动升降和自动升降两种功能，而副驾驶员座和后座车窗只有手动升降功能。驾驶员可通过左前门扶手上的窗锁开关锁住后门的两个车窗，以防止在行车过程中小孩打开车窗将头或手伸出窗外而发生事故。另外，中高级轿车的车窗多有防夹功能。

2. 电动车窗的结构与组成

由升降控制开关、电动机、升降机构、继电器、操作开关等组成，电动车窗部件在车上的设置位置如图 8-7 所示。

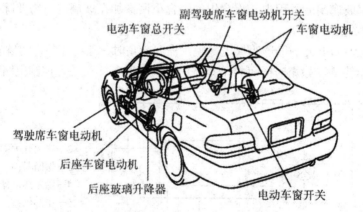

图 8-7　电动车窗部件在车上的位置

(1) 电动机。

每个车门各有一个电动机，通过开关控制电动机中的电流方向，即电枢的旋转方向随电流的方向改变而改变，使电动机按不同的电流方向进行正转或反转，从而控制玻璃的升降。另外，为了防止电动机过载，在电动机内都装有一个或多个热敏电路开关，用来控制电流，当车窗玻璃上升到极限位置或由于车门变形而使车窗玻璃不能自由移动时，即使操纵控制开关，热敏开关也会自动断路，避免电动机通电时间过长而烧坏。

(2) 操作开关。

电动车窗的操作开关主要有车窗总开关和车窗分开关。

① 车窗总开关：车窗总开关控制整个电动车窗系统，每个车窗电动机既要受到分开关控制，还要受到总开关控制，即断开总开关上的锁止开关，分开关就不起作用。

② 车窗分开关：在每个车门上都安装有分开关，分别控制各自车窗玻璃；在车窗锁止开关锁止时，分开关不起作用；部分汽车只有当点火开关在"ON"位置时，分开关才起作用。

(3) 车窗玻璃升降器。

电动车窗玻璃升降机构有绳轮式、交臂式和软轴式等多种，其中绳轮式和交臂式电动车窗玻璃升降机构使用较为广泛。

① 交臂式：如图 8-8 所示为交臂式玻璃升降器结构示意图，对于交臂式玻璃升降器，电动机的输出部分是一个小齿轮，经啮合的扇形齿轮片通过交臂式升降机构，带动车窗玻璃沿导轨作上下运动。

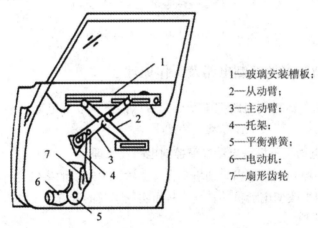

1—玻璃安装槽板；
2—从动臂；
3—主动臂；
4—托架；
5—平衡弹簧；
6—电动机；
7—扇形齿轮

图 8-8　交臂式玻璃升降器结构示意图

② 绳轮式：如图 8-9 所示为绳轮式玻璃升降器结构示意图，对于绳轮式玻璃升降器，电动机的输出部分是一个塑料绳轮，绳轮上绕有钢丝绳，钢丝绳上装有滑块。电动机驱动绳轮，绳轮则带动钢丝绳卷绕，然后钢丝绳上的滑块带动玻璃沿导轨作上下运动。

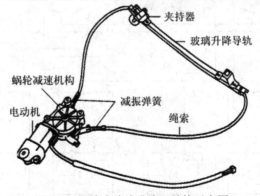

图 8-9　绳轮式玻璃升降器结构示意图

③ 软轴式：如图 8-10 所示为软轴式玻璃升降器结构示意图，对于软轴式结构玻璃升降器而言，电动机的输出部分也是一个小齿轮，通过与软轴上的齿条相啮合，驱动软轴卷

绕，带动玻璃沿导轨作上下运动。

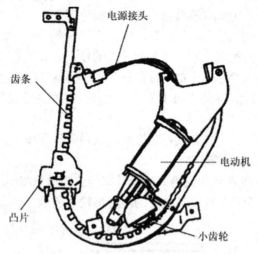

图 8-10　软轴式玻璃升降器结构示意图

8.2.2　普通电动车窗的控制电路及工作原理

普通汽车电动车窗控制电路按电动机是否直接搭铁分为电动机不直接搭铁和电动机直接搭铁两种，具体电路及工作原理介绍如下。

1. 普通汽车电动机不搭铁电动车窗控制电路及原理

电动机不搭铁控制电路是指电动机不直接搭铁，电动机的搭铁受开关控制，通过改变电动机的电流方向来改变电动机的转向，从而实现车窗的升降。电动机不搭铁的电动车窗控制电路如图 8-11 所示。

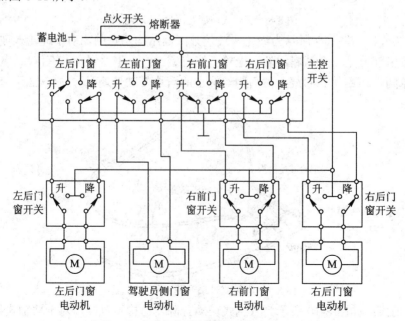

图 8-11　电动机不搭铁的电动车窗控制电路

电动车窗升降工作原理如下:

(1) 驾驶员侧门窗玻璃上升。当驾驶员按下主控开关的"左前门窗"按钮时,电路回路为:蓄电池+→点火开关→熔断器→主控开关的"左前门窗"→"升"开关→驾驶员侧门窗电机→搭铁。驾驶员侧门窗电动机旋转,带动玻璃上升;驾驶员侧门窗玻璃下降与上升基本类似。

(2) 左后门窗玻璃上升。

① 由驾驶员操纵左后门窗玻璃上升。当驾驶员按下主控开关的"左后门窗"按钮时,电路通路为:蓄电池+→点火开关→熔断器→主控开关的"左后门窗"→"升"开关→左后门窗开关→左后门窗电动机→搭铁,左后门窗电动机旋转,带动玻璃上升。

② 由驾驶员后座乘员操纵左后门窗玻璃上升。当驾驶员后座乘员按下左后门窗开关"升"按钮时,电路回路为:蓄电池+→点火开关→熔断器→左后门窗开关→"升"开关→左后门窗电动机→主控开关→搭铁。左后门窗电动机旋转,带动玻璃上升。其他车窗玻璃的升降工作原理类似。

2. 普通汽车电动机搭铁电动车窗控制电路及原理

电动机搭铁是指电动机一端直接搭铁,而电动机有两组磁场绕组,通过接通不同的磁场绕组,使电动机的转向不同,实现车窗的升降,电动机搭铁的电动车窗控制电路如图 8-12 所示。

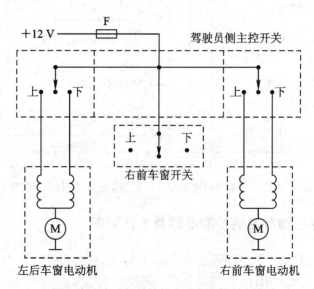

图 8-12　电动机搭铁的电动车窗控制电路

由上述分析可知,在电动车窗控制电路中,电动机不搭铁的电动车窗控制电路一般都设置有驾驶员集中控制的主控开关和每一个车窗的独立操作开关,每个车窗的操作开关可由乘客自己操作。但是,有些汽车的主控开关备有锁止开关,可以切断其他各车窗的电源,使每个车窗的操作开关不起作用,该开关只能由驾驶员一人操作,如图 8-13 所示。

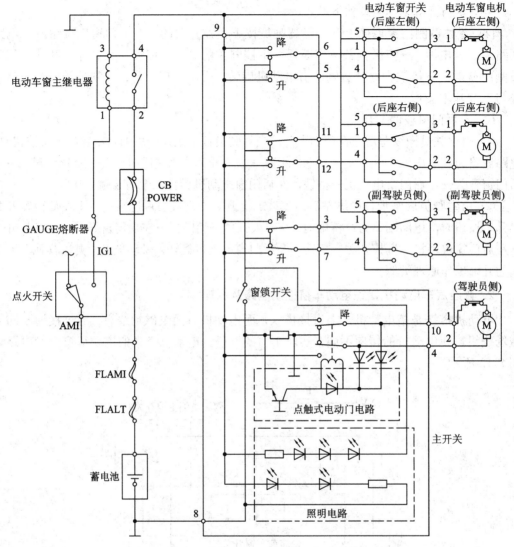

图 8-13　日本丰田凌志 LS400 型轿车电动车窗控制电路

8.2.3　自动升降电动车窗的控制电路及工作原理

图 8-14 所示为自动升降电动车窗的控制电路, 当点火开关处于"ON"位置时, 电动车窗主继电器工作, 触点闭合, 给电动车窗电路提供了电源, 车窗升降系统进入待命状态。要使玻璃升降, 可以手动操纵, 也可以自动操纵, 其升降工作原理介绍如下。

1. 手动操纵使车窗玻璃上升

当驾驶员将操纵按钮向上拉起, 驾驶员侧的"UP"信号被输入 IC, 由于 IC 内部有定时电路, 当"手动上升"信号被输入时, 定时器电路开始工作, 通过定时器电路使 T_{r1} 和 T_{r2} 导通。此时有电流流过 UP 继电器线圈, 电流流通路径为: 蓄电池正极→易熔丝→主继电器→三极管 T_{r1}→UP 继电器线圈→三极管 T_{r2}→搭铁, 使 UP 继电器的 A 触点导通; 于是形成新的电流通路, 蓄电池正极→易熔丝→主继电器→UP 继电器的 A 触点→车窗电动机

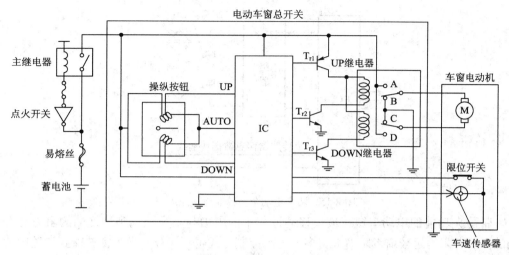

图 8-14　自动升降电动车窗的控制电路

→UP 继电器的 C 触点→搭铁，车窗电动机旋转，带动玻璃上升。在手动操纵时，一旦松开手动操纵按钮，车窗电动机将停止旋转，车窗玻璃就停止上升。当需要车窗玻璃下降时，驾驶员将操纵按钮向下按下即可。

2. 自动操纵使车窗玻璃上升

当驾驶员将操纵按钮向上彻底拉起，驾驶员侧的"UP"信号被输入 IC 的同时，另一个"AUTO"信号也同时被输入到 IC。依靠 IC 内部的定时电路，定时器电路开始工作，通过定时器电路使 T_{r1} 和 T_{r2} 导通。此时有电流流过 UP 继电器线圈，电流流通路径为：蓄电池正极→易熔丝→主继电器→三极管 T_{r1}→UP 继电器线圈→三极管 T_{r2}→搭铁，使 UP 继电器的 A 触点导通；于是形成新的电流通路，蓄电池正极→易熔丝→主继电器→UP 继电器的 A 触点→车窗电动机→UP 继电器的 C 触点→搭铁，车窗电动机旋转，带动玻璃上升。与手动操纵相比，由于"AUTO"信号也同时被输入到 IC，定时电路会使 T_{r1} 和 T_{r2} 导通的时间保持 10 s，所以即使开关被松开后电动机也能继续转动。

另外，如果驾驶员侧车窗完全关闭并且 IC 检测到来自电动车窗电动机的速度传感器和限位开关的锁止信号，或者定时器电路关闭，电动车窗电动机将停止转动。当需要车窗玻璃下降时，驾驶员将操纵按钮向下按到底，IC 内部的定时电路使 T_{r1} 和 T_{r2} 导通后，电动机中有反向电流流过而使车窗玻璃下降。

8.2.4　带防夹功能的电动车窗控制电路及工作原理

电动车窗使用起来十分方便，但是如果驾驶员没有注意乘客的手或物件伸出窗口时，就容易被上升的玻璃夹着。为此，现在许多轿车的电动车窗都增加了防夹功能。车窗玻璃在上升过程中，当电动车窗机构感触到有异物夹在玻璃上时，会自动停止玻璃上升。图 8-15 所示为带防夹功能的电动车窗控制电路原理图，在车窗玻璃上升过程中，驱动机构中有电子控制单元(ECU)及霍尔传感器时刻检测车窗电动机的转速，当霍尔传感器检测到转速有变化时就会向 ECU 传送信息，ECU 向继电器发出指令，使电动机停转或反转(下降)，车窗就停止上升或下降。

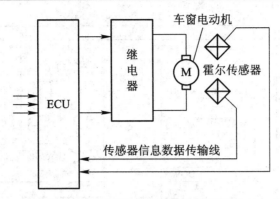

图 8-15　防夹电动车窗控制电路原理图

　　带防夹功能的电动车窗在玻璃移动过程中的阻力与车窗玻璃到达终端的阻力是有差别的，后者阻力远较前者阻力大得多，因此控制方式也不一样。当车窗玻璃到达关闭的终端时，因阻力变大，电动机过载电流也变大，继电器靠过载保护装置会自动切断电流。有的汽车设置有玻璃升降终点的限位开关，当玻璃到达终端时压住限位开关，电流被切断，电动机就停止运转了。

8.3　电 动 天 窗

8.3.1　电动天窗的分类与作用

1. 电动天窗的分类

　　电动天窗按驱动方式的不同分为手动式和电动式；按开启方向不同，可分为内藏式、外倾式和敞篷式等。外倾式天窗在开启后向车顶的外后开起，主要应用于中小型轿车上；内藏式天窗在开启后可以保持不同的弧度，主要应用于大中型轿车上；敞篷式天窗在开启后天窗完全打开，这种类型的天窗非常前卫，适合年轻人驾驶的中高档轿车，但密闭防尘效果较差。

2. 电动天窗的作用

　　(1) 通风换气。换气是汽车加装天窗的最主要目的。天窗是利用负压换气的原理，依靠汽车在行驶时气流在车顶快速流动形成负压，将车内污浊的空气抽出。由于不是直接进风，而是将污浊的空气抽出，且新鲜空气从进气口补充的方式进行通风换气，车内气流极其柔和，没有风直接刮在身上的不适感觉，也不会有尘土卷入。

　　(2) 节能。在炎热的夏天，只需打开天窗，利用车辆行驶过程中车顶形成的负压抽出燥热的空气就可达到快速换气降温的目的，使用这种方法比使用空调降温的速度快 2～3 倍，而且还节约汽油。

　　(3) 除雾。用天窗除雾是一种快捷除雾的方法，特别是在夏秋两季，雨水多，湿度大，前挡风玻璃容易形成雾气，驾车者只需要打开车顶天窗至后翘通风位置，可轻易消除前挡风玻璃的雾气，保证行车安全。

8.3.2　电动天窗的组成

电动天窗由车顶玻璃、滑动机构、连接结构、限位开关与控制开关总成等组成，电动天窗各部件在轿车上分布如图 8-16 所示。

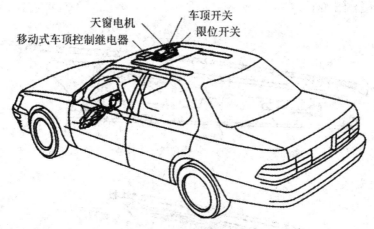

图 8-16　天窗部件分布图

1. 车顶玻璃总成

车顶玻璃总成是轿车电动天窗与车顶接合的部分，车顶玻璃是一种有色玻璃，其颜色通常为青铜色、蓝色和灰色等，在起到透光作用的同时，还能够过滤掉部分紫外线。在玻璃下面有遮阳板，当阳光过于强烈时，可拉起遮阳板，将阳光与汽车内部完全隔离。

2. 滑动机构

滑动机构如图 8-17 所示，主要由驱动电动机、驱动齿轮、滑动螺杆、(前)后枕座等构成。工作时，驱动电动机产生的转矩由驱动齿轮传给滑动螺杆，直至后枕座。根据驱动电动机的正转和反转，来决定向前滑动还是向后滑动，从而决定车顶玻璃是打开还是关闭。

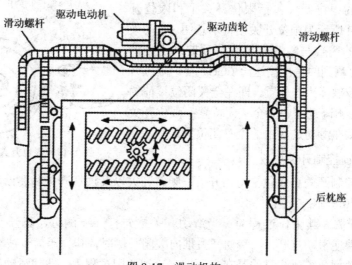

图 8-17　滑动机构

3. 连接机构

电动天窗连接机构如图 8-18(a)所示，主要由(前)后枕座、连杆、导向块等组成，连接机构主要用来接纳滑动螺杆传来的动力，通过后枕座、连杆使导向销在托架固定的几何形状槽内沿导向槽的轨迹滑动，实现天窗的开闭动作。天窗连接机构工作原理如图 8-18(b)所示，工作过程介绍如下。

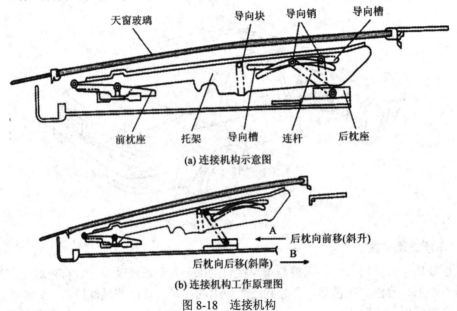

(a) 连接机构示意图

(b) 连接机构工作原理图

图 8-18　连接机构

(1) 斜升：当后枕座向前移动时，导向销也沿导向槽向前滑动，连杆即按箭头 A 方向移动，从而斜升起车顶玻璃。

(2) 斜降：当车顶玻璃斜降开始时，后枕座按箭头 B 的方向收回与合拢，于是车顶玻璃便斜降下来，此动作完成之后，车顶玻璃才可按常规进行滑动打开。

4. 限位开关

电动天窗的限位开关包括限位开关 I 和限位开关 II，如图 8-19 所示为限位开关结构示意图。电动天窗靠限位开关的闭合与断开来检测车顶玻璃所处的位置，然后将检测到的信号输送给 ECU，其中限位开关 I 检测车顶玻璃停止的位置，即在全关闭位置前约 200 mm 处和在斜降过程中的全关闭位置；限位开关 II 检测车顶玻璃在滑动过程中的全关闭位置。

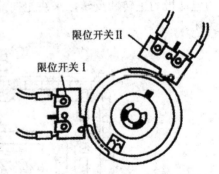

图 8-19　限位开关结构示意图

5. 电动天窗控制开关总成

电动天窗控制开关总成包括滑动开关、倾斜开关以及顶灯开关和阅读灯开关等，其位置布局如图 8-20 所示。

(1) 滑动开关。其工作过程为：当滑动开关推向打开一侧时，其开启信号被输送至ECU，车顶玻璃便滑动打开；当滑动开关推向关闭一侧时，其关闭信号被输送至 ECU，车顶玻璃便滑动关闭。需要注意的是在车顶玻璃滑动关闭过程中，即使滑动开关处于关闭一侧，但车顶玻璃一旦运行至全关闭位置前约 200 mm，车顶玻璃的滑动便会立即停止(限位开关Ⅰ起作用)；一旦放松或再次推动滑动开关，车顶玻璃便会完全关闭。

(2) 倾斜开关。其工作过程为：当倾斜开关推向斜升(UP)一侧时，车顶玻璃便会斜升；推向斜降(DOWN)一侧时，车顶玻璃就会斜降。需要注意的是车顶玻璃是不会同时既作倾斜又作滑动运动的。

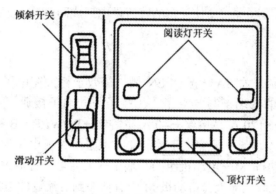

图 8-20　电动天窗控制开关总成布局图

8.3.3　电动天窗的工作原理

某型号汽车电动天窗的控制电路如图 8-21 所示，其工作原理如下。

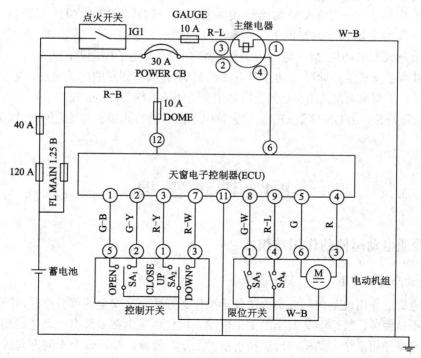

图 8-21　电动天窗控制电路图

1. 电源电路

电动天窗电子控制器(ECU)是电动天窗控制的核心，它有两路供电电路，具体介绍如下：

(1) 常通供电电路。蓄电池正极→FL MAIM 1.25B 易熔线→DOME 10 A 易熔丝→天窗电子控制器⑫端子。

(2) 受点火开关控制的供电电路。当点火开关闭合时，蓄电池正极→120 A 熔丝→40 A 熔丝→点火开关→GAUGE 10 A 易熔丝→主继电器线圈→搭铁。主继电器触点闭合，于是产生新的电流通路为：蓄电池正极→120 A 熔丝→40 A 熔丝→POWER CB 30 A 熔断器→主继电器→天窗电子控制器⑥端子，使天窗的直流供电形成回路。只要进一步操作相应开关，就可对天窗进行调节。

2. 天窗打开过程

如果按下天窗控制开关 SA1 至 OPEN 侧，等效于将天窗电子控制器①端子接地，这时天窗电子控制器的⑥端子与⑤端子、④端子与⑪端子接通，于是形成了如下的电流通路：蓄电池正极→120 A 易熔丝→40 A 易熔丝→POWER CB 30 A 熔断器→主继电器②端子→主继电器④端子→天窗电子控制器⑥端子→天窗电子控制器⑤端子→电动机组的⑥端子→天窗电动机 M→电动机组的③端子→天窗电子控制器④端子→天窗电子控制器⑪端子→搭铁。此时电动天窗电动机 M 中有从左到右流过的电流，电动机 M 起动正向运转，从而使天窗打开。

3. 天窗关闭过程

如果按下天窗控制开关 SA$_1$ 至 CLOSE 侧，等效于将天窗电子控制器的②端子接地，这时天窗电子控制器的⑥端子与④端子、⑤端子与⑪端子接通，于是就形成了如下电流通路：蓄电池正极→120 A 易熔丝→40 A 易熔丝→POWER CB 30 A 熔断器→主继电器②端子→主继电器④→天窗电子控制器的⑥端子→天窗电子控制器的④端子→电动机组件③端子→天窗电动机 M→电动机组件⑥端子→天窗电子控制器的⑤端子→天窗电子控制器的⑪端子→接地。此时电动天窗电动机 M 中有从右到左的电流流过，电动机 M 起动反向运转，从而使天窗关闭。当天窗滑移至全关闭位置约 200 mm 左右，但不到全关闭位置时，限位开关 SA$_3$ 由 ON 转为 OFF，使天窗电子控制器的⑧端子与地之间断开，随即停止天窗滑移。

8.4　电 动 座 椅

8.4.1　普通电动座椅的作用与组成

1. 电动座椅的作用

电动座椅的作用就是向驾驶员提供便于操作、舒适而又安全的驾驶位置，同时，也为乘客提供不易疲劳、舒适而又安全的乘坐位置。现代轿车上都安装有电动座椅调整装置，一般电动座椅使用三个电动机实现座椅前后、上下、前倾后倾等六个不同方向的调节，但随着现代轿车调节功能的增多，出现了可对座椅前后滑动调节、座椅垂直调节、后垂直调节、靠背调节、腰部支撑调节、头枕调节等功能。

图 8-22 所示为电动座椅的调节方向示意图，现代轿车电动座椅的调节有八种调节功

能，全程移动所需时间约为(8～10) s，具体调节功能如下：① 座椅的前后方向调节，前后方向调节量度约为(100～160) mm；② 座椅的上下调节；③ 座椅的前部上下调节，上下调节度约为(30～50) mm；④ 座椅的靠背倾斜调节；⑤ 座椅的侧背支撑调节；⑥ 座椅的腰椎支撑调节；⑦ 座椅的靠枕上下调节；⑧ 座椅的靠枕前后调节。

图 8-22　电动座椅的调节方向示意图

2. 普通电动座椅结构组成

图 8-23 为电动座椅结构示意图，普通电动座椅一般由双向电动机、控制装置、传动装置和座椅调节器等组成。

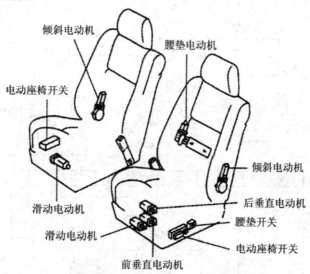

图 8-23　电动座椅结构示意图

(1) 电动机。电动座椅中使用的电动机一般为永磁式双向直流电动机，它通过控制电路来改变流经电动机内部的电流方向，从而使电动机有两个转动方向，带动座椅在某两个方向上进行调整。

(2) 传动装置。电动座椅的传动装置主要包括变速器、联轴节、软轴及齿轮传动机构等，如图 8-24 所示。其中变速器的作用是降速增扭，电动机轴与软轴相连，软轴和变速器的输入轴相连,动力经过变速器降速增扭,从变速器的输出轴输出;变速器的输出轴与蜗杆轴或齿轮轴相连,最终蜗轮蜗杆或齿轮齿条带动座椅支架产生位移。

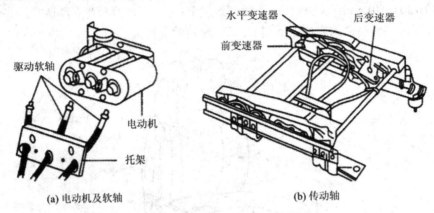

图 8-24　普通电动座椅的传动装置

8.4.2　普通电动座椅的工作原理

普通电动座椅的控制电路如图 8-25 所示,该座椅共设置了滑动电动机、前垂直电动机、倾斜电动机、后垂直电动机和腰垫电动机,分别对座椅的前后滑动、前部上下移动、靠背前后倾斜、后部上下移动及腰垫前后移动等十个方向进行调节。现以座椅靠背的倾斜调节为例介绍电动座椅的控制过程。

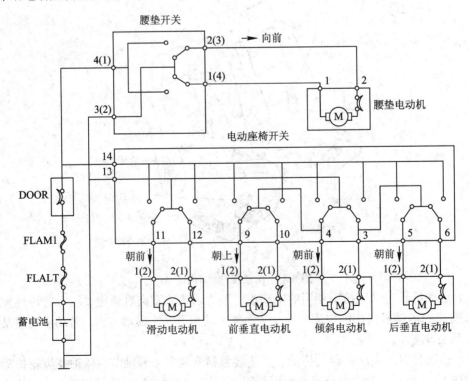

图 8-25　普通电动座椅的控制电路

　　如果要调整靠背向前倾斜，则闭合倾斜电动机的朝前方向开关，即电动座椅开关4端子置于左位时，电路为：蓄电池正极→FLALT→FLAM1→DOOR→电动座椅开关14端子→电动座椅开关4端子→倾斜电动机1(2)端子→倾斜电动机→倾斜电动机2(1)端→电动座椅开关3端子→电动座椅开关13端子→搭铁。此时，座椅靠背前移。

　　如果要调整靠背向后倾斜，则闭合倾斜电动机的朝后方向开关，即电动座椅开关3端子置于右位时，电路为：蓄电池正极→FLALT→FLAM1→DOOR→电动座椅开关14端子→电动座椅开关3端子→倾斜电动机2(1)端子→倾斜电动机→倾斜电动机1(2)端→电动座椅开关4端子→电动座椅开关13端子→搭铁。此时，座椅靠背后移。

8.4.3　带记忆功能的电动座椅

　　图8-26为带记忆功能的丰田雷克萨斯LS400型轿车电动座椅控制电路图。

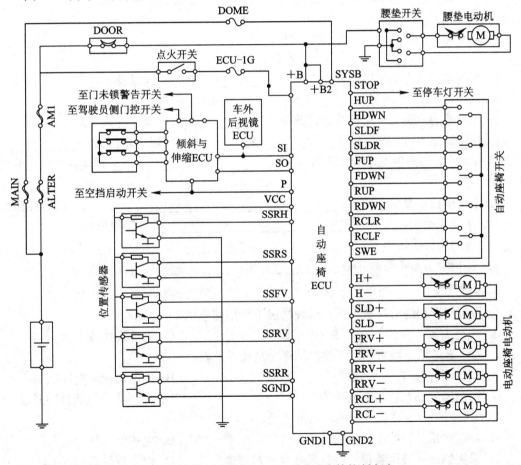

图8-26　丰田雷克萨斯LS400型自动座椅控制电路

　　丰田雷克萨斯LS400型轿车电动座椅的工作方式有座椅前后滑动调节、座椅前部的上下调节、座椅后部的上下调节、靠背的倾斜调节、头枕的上下调节以及腰垫的前后调节等。其中腰垫的前后调节是通过腰垫开关和腰垫电动机直接控制的，并无存储功能。驾驶员通过操纵电动座椅开关可以控制其余的五种调整方式，当座椅位置调整好后，按下存储和复位开关，电控装置就把各位置传感器的信号存储起来，以备下次恢复座椅位置时再用；当下次使用时，只要按下位置存储和复位开关，自动座椅 ECU 便驱动座椅电动机，将座椅调整到原来位置。

思考与练习

一、填空题

1. 雨刮器电动机有_____式和_____式两种。

2. 永磁式电动机的磁场是_____，永磁双速雨刮器的变速是通过改变_____来实现的，为此其电刷通常有_____个。

3. 风窗玻璃洗涤器主要由_____、_____、_____及_____等组成。

4. 上海桑塔纳轿车的雨刮器、洗涤器有_____、_____、_____、_____及_____等五个工作挡。

5. 雨刮器按动力源不同可分为_____式和_____式以及_____式。

6. 电动雨刮器由_____和_____两部分组成。

7. 雨刮器的永磁式电动机是通过改变_____来进行调速的。

8. 使用洗涤器时，应先开_____，将_____以一定压力经_____喷射到挡风玻璃上湿润尘土，然后开动_____，利用_____摆动将玻璃上的尘污刮掉。

9. 电动车窗主要由_____、_____、_____、开关等装置组成。

10. 电动座椅由_____、_____和_____等组成。

11. 电动座椅的传动装置包括_____、_____和_____等。

12. 座椅调节器主要部件是_____和_____。

二、选择题

1. 带有间歇挡的雨刮器在下列哪种情况下使用间歇挡？（　　）
A. 大雨大　　　　　　　　B. 中雨天　　　　　　　　C. 毛毛细雨或大雾天

2. 对于普通雨刮器来说，下列说法哪个是错误的？（　　）
A. 雨刮器应该有高、低速挡　　　　　　　B. 雨刮器应该有间歇挡
C. 雨刮器应该有自动回位功能　　　　　　D. 雨刮器应该能自动开启

3. 一般轿车后窗玻璃采用的除霜方式是。（　　）
A. 将暖风机热风吹至后风窗玻璃　　　　　B. 电热丝加热
C. 采用独立式暖风装置并将热风吹至风窗玻璃　　D. 以上说法都错误

4. 间歇式电动雨刮器每次刮拭后间歇（　　）s。
A. 1～2　　　　　　　　B. 5～13　　　　　　　　C. 2～12

5. 洗涤泵使用间歇时间不得少于（　　）s。
A. 3　　　　　　　　B. 4　　　　　　　　C. 5

6. 在电动座椅中，一般一个电动机可完成座椅的（　　）。

A. 1 个方向的调整　　　　　B. 2 个方向的调整　　　　　C. 3 个方向的调整

7. 安装四个双向电动机的座椅可以调整(　　)个方向。

A. 两个　　　　　B. 四个　　　　　C. 六个　　　　　D. 八个

8. 上海桑塔纳轿车间歇挡工作时，雨刮片摆动的间歇时间为(　　)。

A. 3 s 左右　　　　　B. 6 s 左右　　　　　C. 10 s 左右

9. 一般轿车后风窗玻璃采用的除霜方式是(　　)。

A. 将暖风机热风吹至后风窗玻璃

B. 采用独立式暖风装置并将热风吹向后风窗玻璃

C. 电热丝加热

10. 讨论电动雨刮器故障时，雨刮开关由 ON 打到 OFF 位置，雨刮片马上停止，甲认为雨刮器开关动作正常，乙认为雨刮复位开关或线路或雨刮开关有故障。你认为(　　)。

A. 甲对　　　　　B. 乙对　　　　　C. 甲、乙都对　　　　　D. 甲、乙都不对

三、简答题

1. 如何调整电动雨刮器橡皮刷的停止位置？

2. 使用风窗玻璃洗涤设备时，应注意哪些问题？

3. 简述电动雨刮器的结构特点。

4. 电动雨刮器自动复位装置有什么作用？简述其结构原理。

第九章　汽车电路基础知识

9.1　汽车电路图

9.1.1　汽车电路

随着现代汽车电子控制装置的日益增多，汽车电路也日趋复杂，汽车电路根据各自的功能不同，一般可分为电源电路、搭铁电路、控制电路和信号电路等。

1. 电源电路

电源电路主要为汽车用电设备提供电源，可分为常电源和条件电源两种情况，电源电路构成图如图 9-1 所示。

(1) 常电源。在蓄电池工作正常的情况下，均有规定电压的电源线称为常电源，如图 9-1(a)所示的 ABC 线。汽车电源一般是通过易熔线和熔断丝来给用电设备提供电能，在电路图中常电源一般用 30 号线表示，如图 9-1(b)所示。

(2) 条件电源。在一定的条件下(如开关接通或继电器触点闭合时)才有规定电压的电源线，称为条件电源，如图 9-1(a)所示的 ABHF 线，当点火开关 D 置于"ON"位置时才有电压，在电路图中一般采用 15 号线表示；当点火开关置于"ACC"位置时才有电压，在电路图中一般采用 15 号线表示，如图 9-1(b)所示。

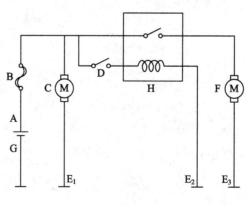

(a)

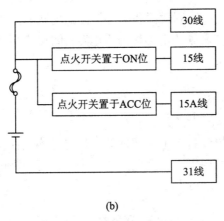

(b)

图 9-1　电源电路构成图

2. 搭铁电路

从用电设备到蓄电池负极之间的线路称为搭铁电路，其作用是给汽车用电设备提供电源回路，如图 9-1(a)所示的 CE_1 线、FE_3 线及 HE_2 线等均是搭铁电路。搭铁电路在电路图中一般用 31 号线表示，如图 9-1(b)所示。汽车上搭铁点数量较多，分布在汽车全身，且每个搭铁点采用不同数字表示，并与电路图的相同数字搭铁点相互对应。

3. 控制电路

用来控制汽车用电设备能否正常工作的线路称为控制电路，在控制电路中含有如开关或继电器等控制器件。如图 9-1 所示的控制电路为经过控制开关 D 和继电器电磁线圈的线路 $ABDHE_2$ 段。

4. 信号电路

信号电路分为输入信号电路和控制信号电路两种，分别介绍如下。

(1) 输入信号电路。一般给电子控制单元 ECU 输送信息的电路称为输入信号电路，最常见的是传感器与电子控制单元 ECU 的电路。传感器经常共用电源线、搭铁线，但绝不会共用信号线，在分析传感器电路时，可用排除法来判断电路，即排除其不可能的功能来确定其实际功能。如分析某一具有三根导线的传感器电路时，如果已经分析出其电源电路、搭铁电路，则剩余的电路必然为信号电路。

(2) 控制信号电路。由电子控制单元 ECU 传输出去的信号电路称为控制信号电路，它分布在各个控制器电路中。电子控制单元 ECU 输送出去的如点火信号、燃油喷射控制电路中的喷油信号、自动变速器控制电路中的换挡信号、步进电机的怠速控制信号等。

5. 直接控制电路与间接控制电路

(1) 直接控制电路。没有使用继电器来控制用电设备工作与否的电路称为直接控制电路，直接控制电路是最基本、最简单的电路，一般用于流过电流较小的电路。如图 9-1 的 $ABCE_1G$ 回路就是直接控制电路。

(2) 间接控制电路。在控制器件与汽车用电设备之间使用了继电器的电路称为间接控制电路，如图 9-1 所示。其中控制器件和继电器内的电磁线圈所处的电路称为控制电路，用电设备和继电器内的触点所处的电路称为主电路，间接控制电路一般用于流过电流较大的电路。

9.1.2 汽车电路图的类型

汽车电路图是指利用导线将各电气部件的图形符号连接在一起的关系图，主要用于表达各电气系统的工作原理及用电设备之间的连接关系，可分为电气线路图、电路原理图、定位图和线束图等。

1. 电气连接线路图

图 9-2 所示为汽车起动系统电气连接线路图，该线路图中既有电气设备图形符号，又有电气设备外形特征图形，能完整地表达整车的电器线路连接，且使整个电路识读起来更为直观简便，但不能清晰、方便地反映各电器系统的工作原理，且识读所需时间较长。随着汽车电路的越来越复杂，这类电路图越来越不实用，趋于淘汰。

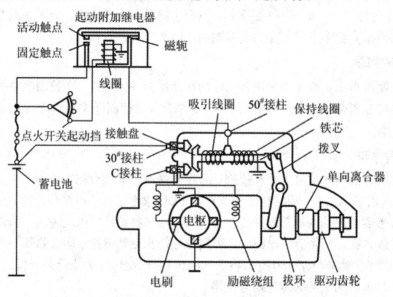

图 9-2 起动系统电气连接线路图

2. 布线图

布线图是一种比较重要并且容易读懂的电路表达图，图 9-3 为汽车电路布线图，布线图具有如下几个方面的特点：

(1) 布线图中的元器件、部件、组件和设备等都应尽量用简化外形来表示，便于识图，有时也允许用图形符号表示。

(2) 在布线图中，接线端子应用端子代号表示。

(3) 在布线图中，导线可以用连续线或中断线表示，连续线是用连续的实线来表示端子之间实际存在的导线，中断线是用中断的实线来表示端子之间实际存在的导线，并在中断处标明去向。

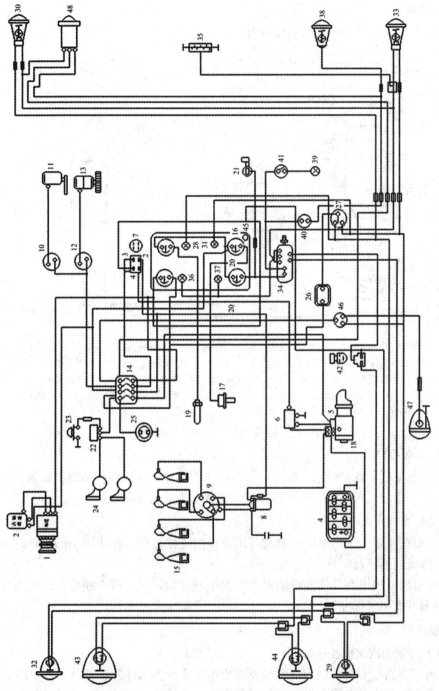

1—发电机；2—电压调节器；3—电流表；4—蓄电池；5—起动机；6—起动继电器；7—点火开关；
8—点火线圈；9—分电器；10—雨刮器开关；11—雨刮电机；12—暖风开关；13—电动机；14—熔断丝盒；
15—火花塞；16—机油压力表；17—机油压力传感器；18—水温表；19—水位传感器；20—燃油表；
21—燃油传感器；22—喇叭继电器；23—喇叭按钮；24—电喇叭；25—工作灯插座；26—闪光器；
27—转向灯开关；28、31—转向指示灯；29、32—前小灯；30、33—室灯；34—车灯开关；35—牌照灯；
36、37—仪表灯；38—制动灯；39—阅读灯；40—制动灯开关；41—阅读开关；42—变光器；
43、44—前照灯；45—远光指示灯；46—雾灯开关；47—雾灯；48—挂车导线插座

图 9-3　汽车电路布线图

3. 线束图

图 9-4 所示为 TU5JPK 发动机线束图。

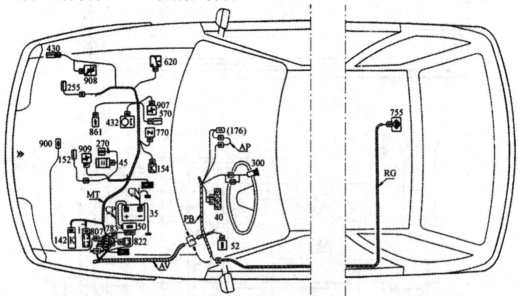

35—蓄电池；40—仪表板；45—点火线圈；50—电源盒；52—内接熔断丝盒；142—发动机电控单元；
152—曲轴位置传感器；154—车速传感器；176—防盗密码控制盒；255—空调压缩机离合器；
270—点火线圈上的电容器；300—点火开关；430—碳罐控制阀；432—怠速控制阀；570—喷油器；
620—惯性开关；755—燃油泵；770—节气门位置传感器；783—故障自诊断插座；807—主继电器；
900—氧传感器；907—进气温度传感器；908—进气压力传感器；909—水温传感器

图 9-4　TU5JPK 发动机线束图

1) 线束图的作用

为了安装方便和保护导线，在汽车上将同路的许多导线用棉纱编制物或聚氯乙烯塑料带包扎成束，方便汽车厂总装线和修理厂的连接、检修与配线。

2) 线束图的特点

① 线束图主要为了标明电线束与各用电器的连接部位、接线端子的标记、线头、插接器或连接器的形状及位置等。

② 线束图一般没有详细描绘线束内部的电线走向，只将露在线束外面的线头与插接器作详细编号或用字母标记。

4. 原理图

图 9-5 所示为汽车电路原理图，它具有如下特点：

(1) 汽车电路原理图可较为清楚地反映出电气系统各部件的连接关系和电路原理。

(2) 在电路图中，各用电设备都用符号表示。

(3) 电源线基本都在上方，搭铁线在下方。

(4) 用电设备的布局不是按照在车上的安装位置布局，而是按照工作原理合理布局。

(5) 各个用电设备旁边都标有名称和代码。

(6) 各用电设备及开关均处于不工作的状态。

(7) 导线一般标注有颜色和规格代码。

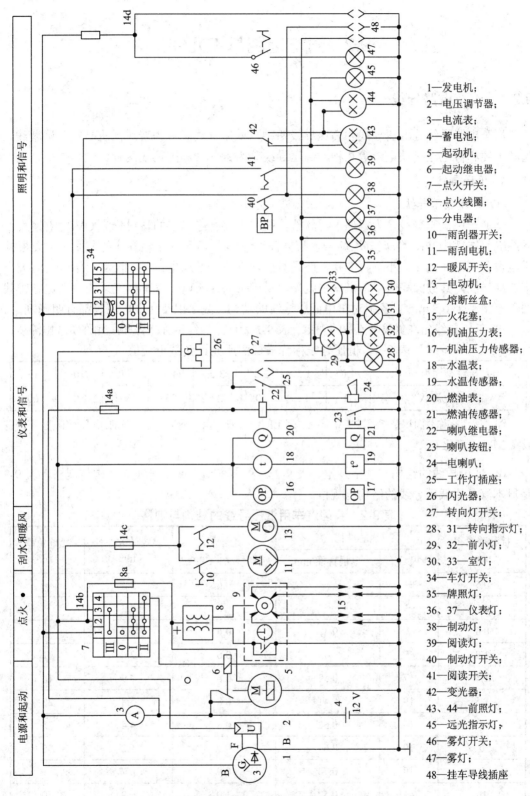

1—发电机；
2—电压调节器；
3—电流表；
4—蓄电池；
5—起动机；
6—起动继电器；
7—点火开关；
8—点火线圈；
9—分电器；
10—雨刮器开关；
11—雨刮电机；
12—暖风开关；
13—电动机；
14—熔断丝盒；
15—火花塞；
16—机油压力表；
17—机油压力传感器；
18—水温表；
19—水温传感器；
20—燃油表；
21—燃油传感器；
22—喇叭继电器；
23—喇叭按钮；
24—电喇叭；
25—工作灯插座；
26—闪光器；
27—转向灯开关；
28、31—转向指示灯；
29、32—前小灯；
30、33—室灯；
34—车灯开关；
35—牌照灯；
36、37—仪表灯；
38—制动灯；
39—阅读灯；
40—制动灯开关；
41—阅读开关；
42—变光器；
43、44—前照灯；
45—远光指示灯；
46—雾灯开关；
47—雾灯；
48—挂车导线插座

图 9-5　汽车电路原理图

9.2　汽车电路基本元件

9.2.1　汽车电路导线

汽车电路导线分低压导线和高压导线两种，低压导线又分为普通低压导线、屏蔽线、起动电缆和蓄电池搭铁电缆等几种，高压导线分为铜芯线和阻尼线两种。

1. 低压导线

(1) 普通低压导线。

普通车用低压导线多为铜质多丝软线，根据外皮绝缘包层的材料分为 QVR 型(聚氯乙烯绝缘包层)和 QFR 型(聚氯乙烯-丁腈复合绝缘包层)两种。车用导线的截面积主要根据用电设备的工作电流大小进行选择，但是对于功率较小的用电设备，仅从工作电流的大小来选择导线，其截面积太小，机械强度差，易于折断，所以，汽车电气系统中规定导线截面积不得小于 0.5 mm²。各国对车用低压导线的结构、截面积及允许电流等都有明确规定。

① 低压导线允许负载电流值的规定。表 9-1 为低压导线标称横截面所允许负载电流值。

表 9-1　低压导线标称横截面所允许负载电流值

导线标称截面积/mm²	1.0	1.5	2.5	3.0	4.0	6.0	10	13
允许电流/A	11	12	20	22	25	35	50	60

注：所谓标称截面积是指经过换算而统一规定的线芯截面积，不是实际线芯的几何面积，也不是各股线芯几何面积之和。

② 低压导线的结构与规格规定。表 9-2 为我国汽车用低压导线的结构与规格，表 9-3 是日本汽车用低压导线的结构与规格。

表 9-2　我国汽车用低压导线的结构与规格

标称截面积/mm²	线芯结构		绝缘层标称厚度/mm	导线最大外径/mm	允许负载电流/A
	根数	单根直径/mm			
0.5	—	—	0.6	2.2	—
0.6			0.6	2.3	—
0.8	7	0.39		2.5	—
1.0	7	0.43	0.6	2.6	11
1.5	17	0.52	0.6	2.9	14
2.5	19	0.41	0.8	3.8	20
4	19	0.52	0.8	4.4	25
6	19	0.64	0.9	5.2	35
8	19	0.74	0.9	5.77	—
10	49	0.52	1.0	6.9	50

标称截面积 /mm²	线芯结构		绝缘层 标称厚度/mm	导线最大外径 /mm	允许负载 电流/A
	根数	单根直径/mm			
16	49	0.64	1.0	8.0	—
25	98	0.58	1.2	10.3	
35	133	0.58	1.2	11.3	
50	133	0.68	1.4	13.3	

表 9-3　日本汽车用低压导线的结构与规格

截面面积/mm²	股数/(线径 mm)	电阻值 20℃/(Ω/m)	允许负载电流/A
0.5	7/0.32	0.032 50	11.3
0.85	11/0.32	0.020 50	14.8
1.25	16/0.32	0.014 10	18.3
2	26/0.32	0.008 67	25.4
3	41/0.32	0.005 50	34.2
5	65/0.32	0.003 47	45.9
8	50/0.45	0.002 28	58.8
15	84/0.45	0.001 36	82.8
20	41/0.80	0.000 87	110.9

③ 现在大部分汽车都使用 12 V 电压的电源，因此各国规定了 12 V 电气系统主要电路导线截面积推荐值。表 9-4 所示为我国汽车 12 V 电气系统主要电路导线截面积推荐值，表 9-5 所示是美国 12 V 电气系统主要电路导线规格推荐表，美国线规系统还规定了统一的导线号码，美制导线截面积与线规号码如表 9-6 所示。由表可知，导线号码越大，导线越细，允许流过导线的电流越小。

表 9-4　我国汽车 12 V 电气系统主要电路导线截面积推荐值

标称截面积/mm²	用　　　途
0.5	尾灯、顶灯、指示灯、仪表灯、牌照灯、雨刮器、时钟、燃油表、水温表、油压表等
0.8	转向灯、制动灯、停车灯、断电器等电路
1.0	前照灯、电喇叭(3 A 以下)等电路
1.5	前照灯、电喇叭(3 A 以上)电路
1.5～4.0	其他 5 A 以上电路
6～25	柴油车电热塞电路
16～95	起动电路

表 9-5　美国 12 V 电气系统主要电路导线规格推荐表

电路名称	收音机和扬声器导线	小灯泡和短路线	尾灯、汽油表、转向信号灯、雨刮器	电喇叭、收音机电源线、前照灯、点烟器及制动灯	前照灯开关到熔断丝盒导线、后窗除雾器、电动窗电机、电动门锁	发电机到蓄电池导线
线规号码	20～22	18	16	14	12	10

表 9-6　美制导线截面积与线规号码表

美制线规号码	24	22	20	18	16	14	12	10	8	6	4	2
美制截面尺寸/mm^2	0.22	0.35	0.5	0.8	1.0	2.0	3.0	5.0	8.0	13.0	19.0	32.0

④ 低压导线颜色规定。汽车低压导线数量很多，为了维修方便，低压导线常以不同的颜色加以区分，凡是截面积在 4 mm^2 以上的导线采用单色，4 mm^2 以下的导线大多采用双色，搭铁导线常用黑色。

在电路图上低压导线颜色的表达方法，世界上各汽车厂家是不一样的。对于日本和中国的汽车厂家，一种颜色一般用一个字母表示，个别容易混淆的用 2 个字母表示，用 2 个字母表达时，第一个字母大写，第二个字母小写；美国一般用 2～3 个字母表示一种颜色；德国汽车导线的颜色表达方法比较混乱，不同厂家可能采用不同方法，如大众、奥迪车系通常用 2 个字母表示一种颜色。斯肯尼亚车系的导线采用数字代号表示颜色。各国车系导线颜色代号参见表 9-7。

表 9-7　各国车系导线颜色代号

导线颜色	中	英	美	日	法	奥地利	本田/现代	奥迪4、5、6缸	帕萨特	奔驰	宝马
黑	B	Black	BLK	B	BL	B	BLK	Sw	BK	BK	SW
白	W	White	WHT	W	W	C	WHT	Ws	WT	WT	WS
红	R	Red	RED	R	R	A	RED	Ro	RD	RD	RT
绿	G	Green	GRN	G	GN	F	GRN	Gn	GN	GN	GN
深绿		Dark Green	DK GRN						DKGN		
淡绿		Light Green	LT GRN	Lg			LT GRN		LTGN		
黄	Y	Yellow	YEL	Y	Y	D	YEL	Ge	YL	YL	GE
蓝	Bl	Blue	BLU	L	BU	I	BLU	Bl	BU	BU	BL
淡蓝		Light Blue	LTBLU	Sb		K	LTBLU		LTBU		
深蓝		Dark Blue	DKBLU	—	—	—			DKBU	—	—
粉红	P	Pink	PNK	P	—	N	PNK	—	PK	PK	RS
紫	V	Violet	PPL	Pu	VI	G	PUB	Li	PL	VI	VI

续表

导线颜色	中	英	美	日	法	奥地利	本田/现代	奥迪4、5、6缸	帕萨特	奔驰	宝马
橙	O	Orange	ORN	Or	—	—	ORN	—	OG	—	OR
灰	Gr	Grey	GRY	Gr	G	—	GRY	Gr	GY	GY	GR
棕	Br	Brown	BRN	Br	L	—	BRN	br	BN	BR	BR
棕褐		Tan	TAN	—	BR	—	—	—	TN	—	—
无色		Clear	CLR	—	—	—	—	—	CR	—	—

在单色导线中常优先采用黑、白、红、黄、蓝、灰、棕色、紫等颜色，其次采用粉红、橙、棕褐色，最后采用深蓝、深绿及浅绿等颜色。对于双色导线，主色所占的比例大些，辅助色所占的比例小些，两者之比一般为 1∶3～1∶5。双色导线标注一般主色在前，辅助色在后，我国双色线优先选用颜色参见表 9-8。

表 9-8　我国双色线优先选用颜色参考表

选用顺序	1	2	3	4	5	6
导线颜色	B	BW	BY	BR	—	—
	W	WR	WB	WB	WY	WG
	R	RW	RB	RY	RG	RBl
	G	GW	GR	GY	GB	GBl
	Y	YR	YB	YG	YB	YW
	Br	BrW	BrR	BrY	BrB	—
	Bl	BlW	BlR	BlY	BlB	BlO
	Gr	GrR	GrY	GrBl	rGB	GrO

(2) 屏蔽线。

所谓屏蔽线就是在导线外面的绝缘层中带有金属纺织网管或多股导线装在一层金属编织网内，再在网管外套装一层护套。其作用是将导线与外界的磁场隔离，避免导线受到外界的磁场干扰，尤其是防止汽车发动机高压点火干扰。屏蔽线常用于低压弱信号线路，如天线连接线、传感器与电子控制单元之间的通信等，其他如爆燃信号电路、曲轴位置信号电路、氧传感器信号电路等也普遍采用。

(3) 起动线。

用来连接蓄电池与起动开关的导线称为起动线，起动线的标称截面积有 25 mm^2、35 mm^2、50 mm^2、70 mm^2 等几种规格，允许电流可达 (500～1000) A。为了确保起动机能正常起动，要求起动线路上流过 100 A 的电流时，产生的电压降不得超过 (0.1～0.15) V。

(4) 蓄电池搭铁电缆。

蓄电池搭铁电缆是由铜丝编织而成的扁形软铜线，常见的蓄电池搭铁电缆长度有 300 mm、450 mm、600 mm、760 mm 等四种。

2. 高压导线

高压导线是指从点火线圈或者点火模块到火花塞之间的导线。由于高压导线输送电压很高、电流很小，故高压导线的绝缘包层很厚，耐压性很高，但线芯截面积很小。

高压导线分为普通铜芯高压线和高压点火阻尼线两种，目前常用的是带阻尼的高压线，它可抑制和衰减点火系统产生的高频电磁波，国产高压导线的型号和规格参见表9-9。

表 9-9　国产高压导线的型号和规格

型号	名　称	线芯结构		标称外径/mm
		根数	单线直径/mm	
QGV	铜芯聚氯乙烯绝缘高压点火线	7	0.39	7.0±0.3
QGXV	铜芯橡胶绝缘聚氯乙烯护套高压点火线			
QGX	铜芯橡胶绝缘氯丁橡胶护套高压导线			
QGZ	全塑高压阻尼点火线	1	2.3	
QGZV	电抗性高压阻尼点火线	1	—	

9.2.2　导线接头与接插器

1. 导线接头

在汽车上经常使用的导线接头类型有快速接头、卢卡型接头、叉形接头和眼孔式接头等几种类型，如图9-6所示。接头在安装导线时应使用合适的夹钳，使接头和铜芯连接良好，并夹固在护套上，以防松动脱落。

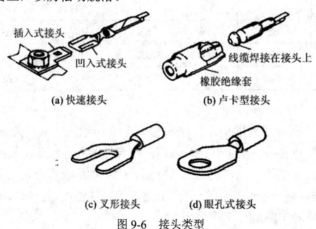

(a) 快速接头　　　　　　(b) 卢卡型接头

(c) 叉形接头　　　　　(d) 眼孔式接头

图 9-6　接头类型

2. 接插器

1) 接插器的结构

接插器是线束与线束、线束与导线之间的一种快速连接装置，接插器由插头和插座两部分组成。为了防止在汽车行驶过程中连接器脱开，所有的接插器都采用了封闭装置。接插器的种类也很多，从外形看有长方形、多边形、圆形等，具体结构如图 9-7所示。

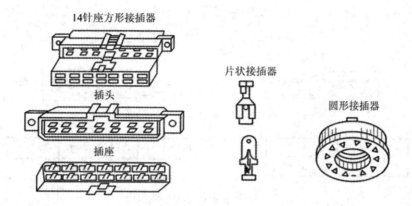

图 9-7　接插器的结构图

2) 接插器的使用

　　接插器的正确使用包括结合与拆开，接插器在结合时，应先把接插器插头和插座的导向槽重叠在一起，使插头和插座对准，然后平行插入即可；当要拆开接插器时，首先压下锁栓，然后拉开插头和插座即可分开。要注意的是在拆开接插器时，杜绝在没有压下锁栓的情况下用力猛拉导线，不同类型接插器的拆卸与连接示意图分别如图 9-8、图 9-9 和图 9-10 所示。

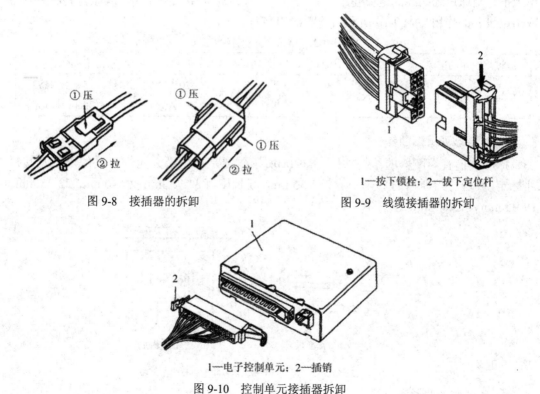

图 9-8　接插器的拆卸

1—按下锁栓；2—拔下定位杆

图 9-9　线缆接插器的拆卸

1—电子控制单元；2—插销

图 9-10　控制单元接插器拆卸

3) 接插器导线序号的识别

　　一个接插器上通常有若干条导线，在电路图上每条导线都标注了序号，序号标注方法如图 9-11 所示，将插座卡扣朝上，从编号①开始，自左向右序号依次增大，而插头序号正好相反。

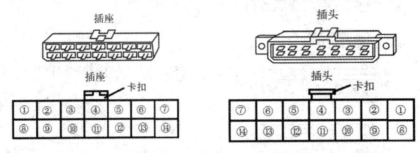

图 9-11　接插器的序号标注方法

9.2.3　熔断器

为了保护汽车的线路和用电设备，在汽车电路中采用了多种保护装置，主要是熔断器。熔断器不仅能在电路短路时防止线路烧坏，而且也能保护电路中的其他电器部件，如开关、继电器、电机等。

熔断器的主要部件是装在玻璃管或塑料板内的细锡线。每一个熔断器都有一额定允许电流值，当通过细锡线的电流超过额定值时，细锡线就会熔化而断路，从而起到保护电路或用电设备的作用，表 9-10 所示为熔断器的熔断要求。

表 9-10　熔断器的熔断要求

流过熔断器的电流	110%额定电流	135%额定电流	150%额定电流
熔丝熔断时间	不熔断	60 s 内不熔断	20 A 以内的熔丝，15 s 以内熔断 30 A 以内的熔丝，30 s 以内熔断

1. 标准玻璃管熔断器

标准玻璃管熔断器的结构如图 9-12(a)所示，它是根据最大允许流过的电流及其尺寸标定，玻璃管熔断器的直径一般为 6.35 mm，其长度有 31.75 mm、25.40 mm、22.25 mm、19.05 mm、15.88 mm 等多种。

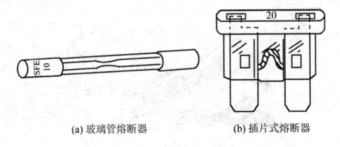

(a) 玻璃管熔断器　　　　(b) 插片式熔断器

图 9-12　熔断器结构图

2. 插片式熔断器

插片式熔断器的结构如图 9-12(b)所示，不论额定电流大小如何，其外形尺寸都一样。插片式熔断器的额定电流大小可以从颜色上进行判别，如表 9-11 所示。

表 9-11 插片式熔断器塑料外壳的颜色所代表的最大允许电流值

颜色	深绿	灰	紫红	紫	粉红	棕黄	金	褐	橘红	红	黑	淡蓝	黄	白	淡绿
额定电流/A	1	2	2.5	3	4	5	6	7.5	9	10	14	15	20	25	30

9.2.4 点火开关

1. 点火开关的功能

点火开关主要用于控制全车电路及起动电路,其常见功能如下:

(1) LOCK 挡:锁住方向盘,除了防盗系统和小灯外,其他电路基本关闭。

(2) ACC 挡:此时全车通电,收音机、车灯等可以正常工作,但是不能使用空调。

(3) ON 挡:除了起动机,其余的基础设备都可以正常工作。

(4) ST 挡:起动发动机,除了部分功能可正常工作,其他电源都断开,松手后钥匙自动回位至 ON 挡。另外,柴油车还有预热(HEAT)挡。

2. 点火开关的表达方法

点火开关在电路图中的表示方法有结构图表示法、表格表示法和图形符号表示法等,各表示方法参见图 9-13。

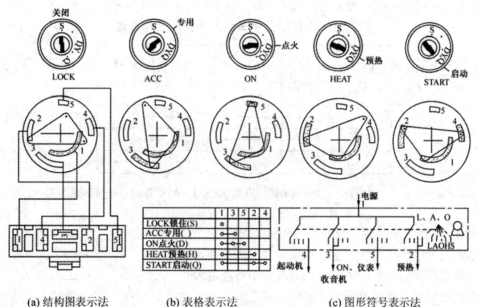

(a) 结构图表示法　　　(b) 表格表示法　　　(c) 图形符号表示法

图 9-13 点火开关的表示方法

3. 点火开关例题

不同品牌汽车的点火开关的结构和功能略有不同,下面通过几个例子来加以说明。

例1:捷达轿车点火开关工作原理。

捷达轿车点火开关采用三挡式,其工作原理如表 9-12 所示。

表9-12　捷达轿车点火开关的工作原理

接线端子 位置	30	P	X	15	50	SU
0	●——●——●					——●
Ⅰ	●——●——●			——●		
Ⅱ	●——————————●——————●——●					

位置说明：0—关闭点火开关、锁止方向盘；Ⅰ—接通点火开关；Ⅱ—起动发动机；30—接蓄电池；P—接停车灯电源；X—接卸载荷工作电源；15—接点火电源；50—接起动电源；SU—接蜂鸣器电源

具体操作如下：

① 点火开关位于0位置。汽车方向盘被锁死，电源线30与P接通，此时打开停车灯开关，停车灯点亮；如果点火钥匙插进锁孔，电源总线30进一步与SU端子接通，蜂鸣器可以工作。

② 点火开关位于Ⅰ位置。电源总线30与15端子接通，发动机的点火系统可以工作；电源总线30与X端子接通使得前照灯、雾灯等可以工作。

③ 点火开关位于Ⅱ位置。电源总线30与15端子接通，发动机的点火系统可以工作；P端子断电，停车灯不能工作；X端子断电，前照灯、雾灯不能工作，满足了起动汽车时需要大电流的需要；电源总线30与50端子接通，使起动机可以运转。

例2：吉利帝豪轿车点火开关工作原理。

吉利帝豪轿车点火开关采用四挡式，其工作原理如表9-13所示。

表9-13　吉利帝豪轿车点火开关的工作原理

接线端子 位置	1	2	3	4	5	6
OFF						
ACC	●————————●			●————●		
ON	●————————●					
ST				●————————————●		

各端子说明：1，5—供电输入；2—大电流用电器输出；3—ACC输出；4—起动控制输出；6—点火挡输出。

例3：丰田凯美瑞轿车智能点火开关工作原理。

随着汽车电子技术的发展，越来越多的汽车开始装配有智能进入和起动系统，丰田凯美瑞轿车智能进入和起动系统按钮如图9-14所示。

当智能钥匙在车内时，按下进入和起动系统按钮就能实现起动、停止发动机等操作，具体操作如下：

① 在没有踩下制动踏板的情况下，按下按钮时，则有：第一次为ACC模式，收音机等附件工作(指示灯琥珀色)；第二次为ON模式，发动机和所有附件运转(指示灯琥珀色)；第三次为点火关闭(指示灯熄灭)；再按下进

图9-14　丰田凯美瑞轿车智能进入和起动系统按钮

入和起动系统按钮，则重复上面模式。

② 踩下制动踏板后，再按下按钮，指示灯变为绿色，即可起动发动机。

必须注意，当按下按钮后，如果蜂鸣器鸣叫，并且智能进入和起动系统警告灯点亮，则表明智能钥匙不在车上。

9.2.5　继电器

1. 继电器的作用

继电器是一种利用电磁感应原理以较小的电流来控制较大电流的自动开关，它在汽车电路中起到保护和自动控制电路的作用。

2. 继电器的结构与原理

图 9-15 所示为继电器结构示意图，它主要由线圈、弹簧片、动触点、静触点等组成。当开关闭合后，线圈有电流流过，产生磁场，吸引动触点下移与静触点接触，使端子①与端子②导通，主电路形成回路，向用电设备供电。

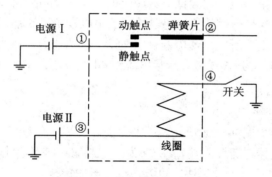

图 9-15　继电器结构示意图

3. 继电器的类型

汽车电气中所使用的继电器类型比较多，按照工作类型不同，可分为常开型、常闭型和混合型三种，主要类型参见图 9-16。

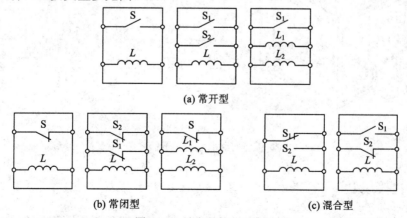

(a) 常开型

(b) 常闭型　　　　　　　　　　　(c) 混合型

图 9-16　继电器的主要类型

(1) 常开型继电器。常开型继电器结构如图 9-16(a)所示，继电器线圈不通电时，继电器触点在弹簧力作用下保持断开,继电器线圈通电后产生磁力吸合触点,接通相应的电路。

(2) 常闭型继电器。常闭型继电器结构如图9-16(b)所示,继电器线圈不通电时,继电器触点在弹簧力作用下保持闭合,继电器线圈通电后产生磁力将触点吸开,断开相应的电路。

(3) 混合型继电器。混合型继电器结构如图9-16(c)所示,具有常开和常闭触点,继电器线圈通电后使常开触点闭合,常闭触点张开,以通断相应的电路。

4. 继电器的使用

1) 继电器的符号

继电器在电路图中用继电器符号表示,继电器符号如图9-17 所示。继电器符号由线圈与开关组成,且线圈与开关用虚线连接,表示此开关受该线圈控制。在电路图中,继电器中的开关一般表现为该系统处于不工作状态时的位置。

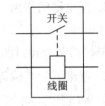

图 9-17　继电器的符号

2) 继电器的规格

由于汽车电气系统中的电压比较低,其额定电压为 12 V 或 24 V,汽车继电器一般标注为 DC12V 或 DC24V。另外,使用继电器控制的用电设备电流都比较大,大部分都在十几安培甚至几十安培以上,所以,继电器触点通过负载的能力一般用电流的大小来表示,如"NO 40 A"表示触点常开式,最大承载电流为 40 A;又如"NC 30 A"表示常闭触点,最大承载电流为 30 A。

3) 继电器端子的标注

汽车继电器的外形如图9-18(a)所示,每个端子旁边都标有数字,代表特定的含义,如"30"为主电路的继电器电流输入端,"87"为主电路的继电器电流输出端;图 9-18(b)、图 9-18(c)为汽车继电器符号上的标注,可方便继电器的接线。

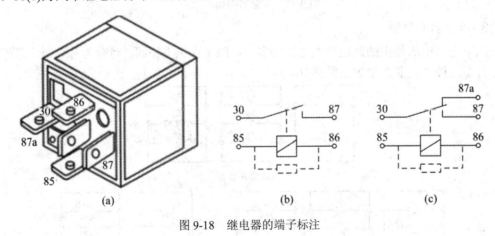

图 9-18　继电器的端子标注

9.2.6　中央接线盒

为了便于装配和使用,以及排除故障,现代汽车一般都会将各种继电器与熔断器安装在中央接线盒内,它的正面装有继电器和熔丝插头,背面是插座,用来与线束的插头相连。

如图 9-19 为上海桑塔纳 2000GSi 型轿车的中央接线盒。

1. 中央接线盒的正面

(1) 中央接线盒上的熔断丝。

在汽车中央接线盒正面下方安装有 22 个熔断丝，每个熔断丝都标注了编号和额定电流，一般从维修手册上可以查阅到每个熔断丝保护的电路名称，具体参见表 9-14。

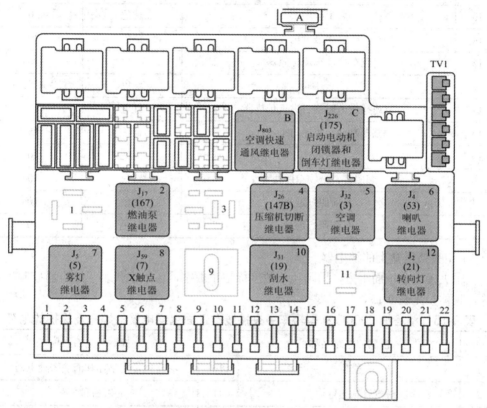

图 9-19　桑塔纳轿车中央接线盒正面图

表 9-14　桑塔纳 2000GSi 型轿车中央接线盒正面上熔断丝的编号、保护的电路名称及额定电流

编号	保护电路名称	颜色	额定电流/A
1	冷却风扇电机	绿色	30
2	制动灯	红色	10
3	点烟器、收放机、时钟、室内灯、后备箱灯	蓝色	15
4	危险报警灯	蓝色	15
5	燃油泵	蓝色	15
6	前雾灯	蓝色	15
7	左示宽灯、左尾灯	红色	10
8	右示宽灯、右尾灯	红色	10
9	右前照灯远光	红色	10

续表

编号	保护电路名称	颜色	额定电流/A
10	左前照灯远光	红色	10
11	雨刮器和洗涤器	蓝色	15
12	电动门窗电机	蓝色	15
13	后窗除霜器	黄色	20
14	空调鼓风机	黄色	20
15	倒车灯、车速传感器	红色	10
16	双音喇叭	蓝色	15
17	怠速截止电磁阀、进气预热器	红色	10
18	驻车制动、阻风门指示灯	蓝色	15
19	转向灯	红色	10
20	牌照灯、杂物箱照明灯	红色	10
21	左前照灯近光	红色	10
22	右前照灯近光	红色	10

(2) 中央接线盒上的继电器。

在中央接线盒正面上方，用阿拉伯数字标注了数字，各数字代表了继电器控制的电路名称，具体参见表9-15。

表9-15　桑塔纳2000GSi型轿车中央接线盒正面上继电器的编号及保护的电路

编号	控制的电路名称	编号	控制的电路名称
1	空位	10	前风窗雨刮器和清洗器继电器
2	进气管预热继电器	11	空位
3	空位	12	报警、转向继电器
4	空位	13	冷却风扇继电器
5	空调继电器	14	门窗电机自动继电器
6	双音喇叭继电器	15	门窗电机延时继电器
7	雾灯继电器	16	车内照明继电器
8	减荷继电器	17	冷却液液面指示控制器
9	拆卸熔断丝专用工具	—	—

注：在继电器上方及右侧还有几个熔断丝，其编号代表含义为：18——后雾灯熔断丝；19——热保护器；20——空调熔断丝(30 A)；21——自动天线熔断丝(10 A)；22——电动后视镜熔断丝(3 A)。

2. 中央接线盒的背面

桑塔纳轿车的中央接线盒背面的接插器布局如图9-20所示，在中央接线盒背面上布置了各种接插器的插座，与接插器相对应的线束插头连接后通往各个电器部件。每个插座的位置均用大写英文字母标注在线路板上，代表不同的接插器。各接插器的颜色、插座和线束插头代号见表 9-16 所示。

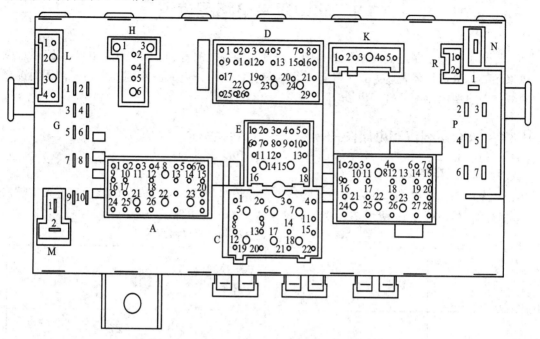

图 9-20　桑塔纳轿车中央接线盒背面图

表 9-16　中央线路板接插器对应代号及其连接线束的名称

代号	颜色	连接对象
A	蓝色	仪表盘线束
B	红色	仪表盘线束
C	黄色	发动机室左侧线束
D	白色	发动机室右侧线束
E	黑色	车辆的后部线束
G	不定	单端子插座(用于连接冷却液不足指示控制器电源线)
H	棕色	空调系统线束
K	不定	安全带与报警系统线束
L	灰色	喇叭线束
M	黑色	车灯开关 56 端子及变光开关 56b 端子线束
N	不定	单端子插座(用于连接进气预热器加热电阻电源线)
P	不定	单端子插座(连接蓄电池与中央线路板 30 号电源线，或中央线路板 30 端子与点火开关 30 端子电源线)
R	—	备用连接器插座

9.3　典型汽车电路图读识

世界上各汽车制造公司由于各自国家法规、传统习惯等的差异，绘制出的电路原理图风格各异，尽管具体表达方式上还存在很大差异，但读识电路图原则基本相同，下面选择部分汽车典型电路图分别予以介绍。

9.3.1　大众系列汽车电路图的读识

1. 大众汽车电路图的符号

汽车电路图是由一些代表用电器的符号和导线等组成。读懂汽车电路图，必须掌握汽车电路的符号，表 9-17 所示是大众汽车较为常见的一些电路图符号。

表 9-17　大众汽车常见电路图符号

			机械控制开关		点火线圈
	电阻				
	熔断丝		电动机		起动机
	电磁阀		两挡雨刮器电机		发电机
	加热器加热电阻		手动开关		可变电阻
	蓄电池		手动按钮开关		火花塞
	热敏时控阀		压力开关		分电器(电子式)
	暖风调节器附加空气阀		热门开关		分电器(机械式)

续表

	二极管	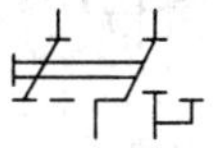	手动多挡开关	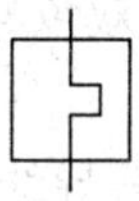	化油器自动阻风门
	稳压二极管		发光二极管	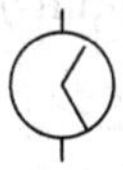	指针式时钟
	指针式仪表		电子控制器	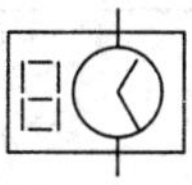	数字式时钟
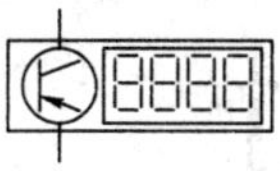	多功能显示器	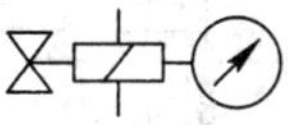	燃油指示器	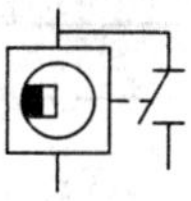	速度传感器
	白炽灯	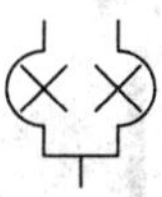	双灯丝白炽灯	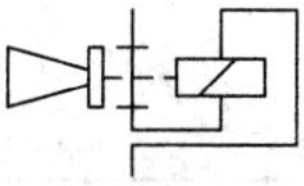	喇叭
	内饰灯		点烟器	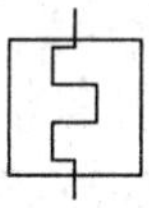	后挡风玻璃加热装置
	插接		热敏电阻	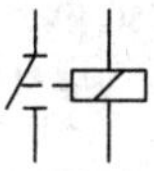	继电器
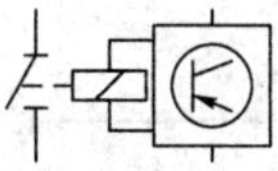	电子控制式继电器		多孔插接	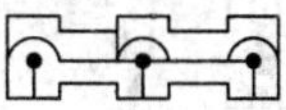	线路分配器
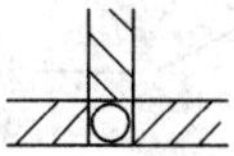	可拆式线路连接	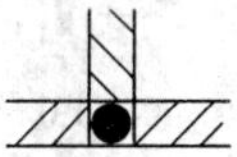	不可拆式线路连接	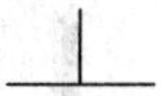	在元件内部的连接
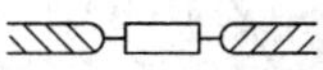	电阻导线	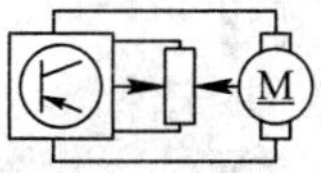	灯光调节电动机	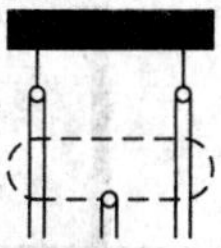	上止点传感器

2. 大众汽车电路图导线的表示方法

如图 9-21 所示为大众汽车电路图，其导线的表示方法遵循如下规则：

(1) 导线在图上均以粗实线画出，集中在图的中间部分。

(2) 每条线上都有导线的颜色，导线的颜色标记以字母表示，常见的导线颜色对应关系为 ws(白色)、sw(黑色)、ro(红色)、br(棕色)、gn(绿色)、bl(蓝色)、gr(灰色)、1i(紫色)、ge(黄色);另外,部分双色导线标注为 ro/sw(红色/黑色)、sw/ge(黑色/黄色),前面为主颜色,后面为辅助颜色。

(3) 每条线上都有导线的截面积标注,导线的截面积以数字标注在导线颜色下(或上)方,单位是平方毫米(mm²),例如 4.0、6.0 表示 4.0 mm²、6.0 mm²。

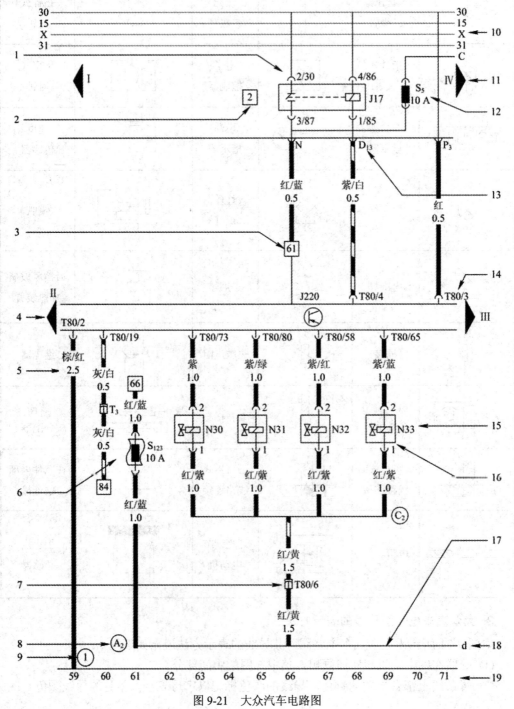

图 9-21　大众汽车电路图

3. 大众汽车电路图的布局特点

大众汽车电路图布局仍见图 9-21 所示。

大众汽车电路图布局特点介绍如下:

(1) 全车电路图分为三部分。

大众车系汽车电路图遵循德国工业标准 DIN725527，电路图最上部区域表示为汽车的中央接线盒，安装有熔断丝盒和继电器等，且标明了熔断丝的位置及容量、继电器位置编号及接线端子号等。中间部分是车上的用电设备元件及连线，最下面的横线是搭铁线。

(2) 电路采用纵向排列，垂直布置。

电源线的正极在上，负极在下，同一系统的电路归纳到一起，且自左向右按电源电路、起动电路、点火电路、进气预热电路、仪表电路、灯光照明电路、信号与报警装置电路、雨刮器和洗涤装置电路、电动后视镜控制电路、电动车窗升降控制电路、集控门锁控制电路、空调控制电路、双音喇叭控制电路的顺序排列，方便读识。

(3) 采用断线代号法解决交叉问题。

对于一些比较复杂电路图，当图面上出现较多的横线，与纵向布置的导线相互交叉时，增加了读图难度，一般采用断线代号法解决这个问题，即用导线连接端方框内的数字表示在电路中与其连接导线的编号，如 66 表示与电路线号 66 处的导线连接。

(4) 整车电气系统正极电源分为 "30" "15" "X" 等三种线路。

① 标有 "30" 的电源线为常火线：直接与蓄电池相连接，中间不经过任何控制开关，即使汽车处于停车或发动机处于熄火状态也均有电，"30" 号电源线专门供给发动机熄火后也需要供电的用电设备。

② 标有 "15" 的电源线为小容量用电设备的电源线，受点火开关控制，当点火开关处于 "ON" 及 "START" 挡时，给小功率用电设备供电。

③ 标有 "X" 的电源线为大容量用电设备的电源线，也受点火开关控制，只有在点火开关接通、卸荷继电器触点闭合时，标号 "X" 电源线才有电。

(5) 重要用电设备的搭铁表达方法。

许多用电设备的负极直接搭接在车架上，依靠车架形成回路，于是形成了较多的搭铁点。为了区分不同的搭铁点，采用一系列标号，如标有①的点为仪表线束搭铁线的搭铁点，在中央线路板的支架上。标有 "31" 的线则为中央继电器盒的搭铁线。

4. 大众汽车电路图的读识要点

在图 9-21 大众汽车部分实际电路图中，各引出线所代表的相关含义说明如下:

(1) 引出线 "1" 的含义：表示继电器与继电器板的接线端子代号，图中 "2/30" 表示继电器板上该继电器插座的 2 号插孔，"30" 表示继电器上的 30 号接线端子。

(2) 引出线 "2" 的含义：表示继电器位置编号，图中方框内数字 "2" 表示该继电器位于中央接线盒 2 号位置上。

(3) 引出线 "3" 的含义：表示线路的中断点，图中方框内数字 "61" 表明该导线与电路代码 61 的导线是同一条导线。

(4) 引出线"4"的含义：表示续接，图中箭头Ⅱ表示该页电路图续接上一页电路图。

(5) 引出线"5"的含义：表示导线的颜色和横截面，图中"棕/红"表示导线主色为棕色，辅助颜色为红色；图中"2.5"表示导线的标称横截面积为 2.5 mm²。

(6) 引出线"6"的含义：表示熔断丝的位置代号，图中"S_{123}"表示在中央接线盒上第 123 号熔断丝，图中"10 A"表示其允许通过的额定电流为 10 A。

(7) 引出线"7"的含义：表示插接器代号，插接器 Ta 用于发动机线束与发动机右线束的连接，图中"T8a/6"表示 8 针的插接器 a 插头上的第 6 针接线端子。

(8) 引出线"8"的含义：表示线束内铰接点代号，在电路图下方可查到该铰接点位于哪个线束内，图中 A_2 表示正极接线，在发动机线束内。

(9) 引出线"9"的含义：表示搭铁点代号，在电路图下方可查到该代号的搭铁点在汽车上的具体位置。

(10) 引出线"10"的含义：表示线路代码，图中"30"为常火线，图中"15"为点火开关接通时的小容量火线，图中"X"为在点火开关接通、卸荷继电器触点闭合时的大容量火线；图中"31"为搭铁线；图中"C"为中央配电盒的内部接线。

(11) 引出线"11"的含义：图中箭头Ⅳ表示续接下一页电路图。

(12) 引出线"12"的含义：表示熔断丝的位置代号，图中"S_5"表示在中央接线盒上第 5 号熔断丝，图中"10 A"表示其允许通过的额定电流为 10 A。

(13) 引出线"13"的含义：表示导线在中央接线盒上的连接位置代号，图中"D_{13}"表示该导线在中央接线盒 D 插座 13 号位置的接线端子上。

(14) 引出线"14"的含义：表示接线端子代号，图中"80"表示电器元件上插接器的接线端子总数为 80，图中"3"表示该导线连接插接器的 3 号接线端子。

(15) 引出线"15"的含义：表示电器元件代号，在电路图后可查到元件的名称，图中"N30"表示第一缸喷油器，"N31"表示第二缸喷油器，"N32"表示第三缸喷油器，"N33"表示第四缸喷油器。

(16) 引出线"16"的含义：表示用电设备的元件符号，所有用电设备都用特定符号表示。

(17) 引出线"17"的含义：表示内部连接，用细实线，该连接不用导线而是表示元件的内部电路或线束铰接部分。

(18) 引出线"18"的含义：字母表示该内部连接与下一页电路图中标有相同字母的内部连接相连。

(19) 引出线"19"的含义：表示路接续号，用以标志电路图中线路定位。

5. 大众汽车电路图的读识实例

如图 9-22 所示为大众捷达轿车电源系统电路图，通过电源系统电路图的读识分析，可以初步掌握大众汽车电路图的读识方法。

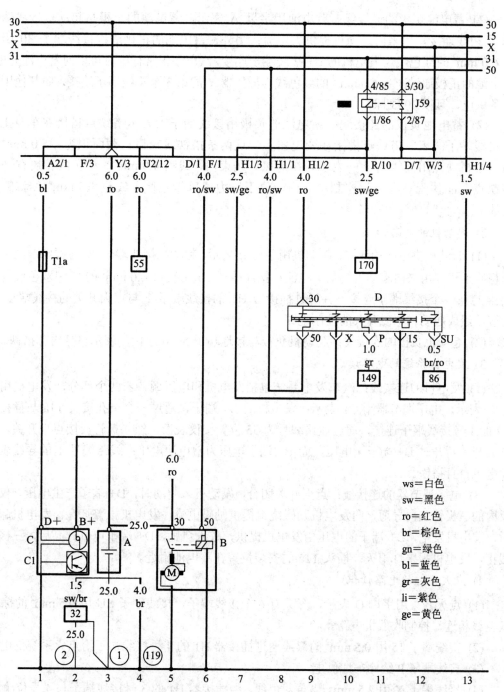

图 9-22　捷达轿车电源系统电路

A—蓄电池；B—起动机；C—发电机；C1—电压调节器；D—点火开关；J59—卸荷继电器；
T1a—单孔接头(蓄电池附近)；①—搭铁线(蓄电池—车身)；②—搭铁线(变速器—车身)；
⑪⑨—搭铁连接点(前照灯线束内)

1) 蓄电池的电路读识

(1) 蓄电池正极的连接线：蓄电池用字母 A 表示，蓄电池的正极与起动机接线端子 30 用粗线连接，用来向起动机提供大电流；另外，蓄电池的正极通过接线端子 30 用一根 $6.0~\text{mm}^2$ 的红色线与发电机的 B+ 接线端子连接，汽车在正常行驶时可以向蓄电池充电；蓄电池的正极通过一条 $6.0~\text{mm}^2$ 的红色线与插接器 Y 的第 3 个接线端子连接，向其他用电设备供电，且以 30 线标示。

(2) 蓄电池负极的连接线：蓄电池的负极用接线端子①表示搭铁点搭接在车身上，用接线端子②表示搭铁点搭接在变速器上，这两条搭铁线较粗，截面积为 $25.0~\text{mm}^2$；另一个搭铁点用接线端子⑲表示，在前照灯线束内，线粗 $4.0~\text{mm}^2$，棕色线；还有一个搭铁点在晶体管点火系统控制单元内，位于压力通风舱左侧，线粗 $1.5~\text{mm}^2$，棕/黑双色线。

2) 起动机的电路读识

(1) 起动机供电线的连接：起动机用字母 B 表示，起动机接线端子 30 与蓄电池的正极用粗线连接，用来向起动机提供大电流；接线端子 50 用线粗 $4.0~\text{mm}^2$ 的红/黑双色线与插接器 F 第一个接线端子连接，并通过插接器 H1 的接线端子 1 与点火开关的接线端子 50 连接，组成起动机电磁开关的控制电路。

(2) 起动机负极的连接线：起动机负极与接地端子 5、6 连接，表示自身内部搭铁。

3) 发电机系统的电路读识

(1) 发电机的连接线：汽车发电系统包括发电机和电压调节器两个部分，发电机用字母 C 表示，电压调节器用 C1 表示；发电机的 D+ 端子，通过一个单孔接头 T1a 与插接器 A2 的 1 号接线端子连接，通过线路编号为 55 位置接仪表板，经二极管后接点火开关。在点火开关断开时 D+ 端子无电压，而 B+ 端子电压为蓄电池电压；线路编号 1 的导线表示发电机自身搭铁。

(3) 电压调节器的连接线：点火开关闭合，发动机未起动时，D+ 端子产生电压，仪表板内的三极管正向导通，向发电机励磁绕组提供励磁电流，发电机报警灯亮。发电机起动后，发电机发电，D+ 端子的电压由发电机提供，进入自励，D+ 端子电位升高后，三极管截止，发电机报警灯熄灭。插头 T1a 的安装位置在蓄电池附近。

4) 点火开关的电路读识

(1) 点火开关用字母 D 表示，开关有 6 个接线端子，接线端子 SU 用 $0.5~\text{mm}^2$ 的棕/红双色线相连，控制收放机电路。

(2) 接线端子 15 用 $0.5~\text{mm}^2$ 的黑线通过插接器 H1 的 4 号接线端子给点火系统供电。

(3) 接线端子 P 给停车灯供电。

(4) 接线端子 X 用 $2.5~\text{mm}^2$ 黑/黄双色线，经插接器 H1 的 3 号接线端子与 4 号位(触点卸荷继电器 J59)继电器座的 1 号接线端子相连；继电器座的 1 号接线端子与继电器 85 插脚相连接，进而与 31 线相连，吸合卸荷继电器 J59 的触点，卸荷继电器 J59 工作，X 线便与 30 线相通。

(5) 接线端子 50 是起动机控制线。

9.3.2　丰田汽车电路图的读识

1. 丰田汽车的电路保护装置符号

丰田汽车电路保护装置的类型与符号如表9-18所示。

表9-18　丰田汽车电路保护装置的类型与符号

名称	符号	名称	符号	名称	符号
电熔丝		中等电流熔断丝		易熔线	
电路断电器	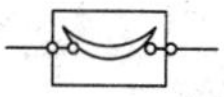	大电流熔断丝			

2. 丰田汽车导线颜色的表示方法

丰田汽车电路图的导线颜色采用大写字母表示，单色导线的颜色具体参见表9-19。对于双色导线，采用双字母表示，在字母之间加"-"，如L-Y，其中L为主色，Y为辅助颜色。

表9-19　丰田汽车电路图中单色导线颜色

B—黑	L—蓝色	R—红色	BR—棕色	LG—浅绿色	V—紫色
G—绿	O—橙色	W—白色	GR—灰色	P—粉红色	Y—黄色

3. 丰田汽车电路图的符号

表9-20所示为丰田汽车电路图的符号。

表9-20　丰田汽车电路图的符号

符号	名称	符号	名称
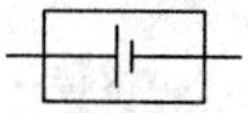	蓄电池		小灯
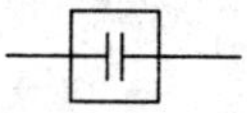	电容器	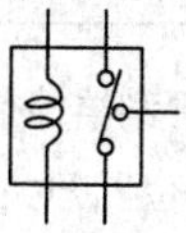	切换式继电器
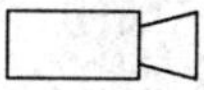	点烟器	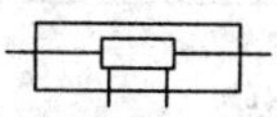	按键式电阻器
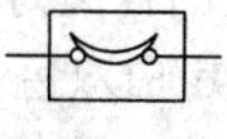	电路断电器		模拟式速度传感器
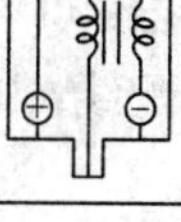	点火线圈	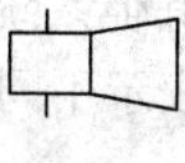	扬声器

符号	名称	符号	名称
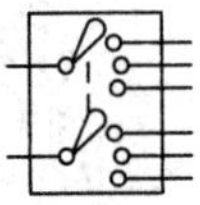	点火开关	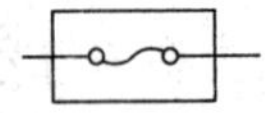	熔断丝
	二极管		易熔线
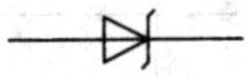	稳压二极管	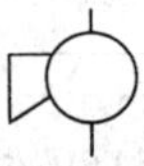	喇叭
	分电器、集成点火装置	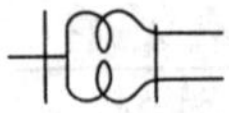	前照灯
	搭铁	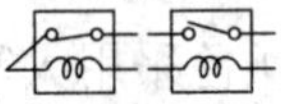	继电器（常开式和常闭式）
	电机		模拟式仪表
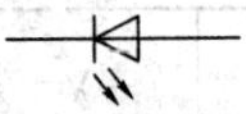	发光二极管	FUEL	数字式仪表
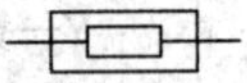	电阻	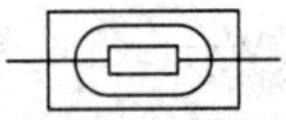	热敏式电阻传感器
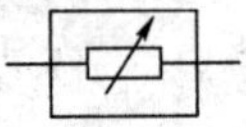	可变式电阻器	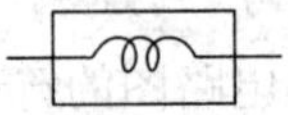	电磁阀或电磁线圈
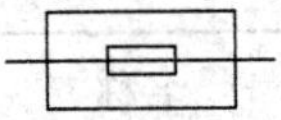	短路插销	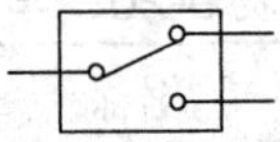	双投掷开关
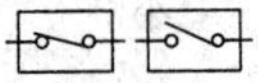	手动开关（常开式与常闭式）	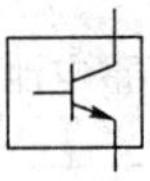	三极管
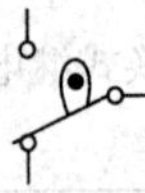	雨刮器停放位置开关		

4. 丰田汽车电路图的读识

图 9-23 所示为丰田汽车电路图的标注方法，电路图中各部分标注的含义为：Ⓐ表示电路图的系统标题；Ⓑ表示配线颜色，如图中 W 表示白色，B-W 表示黑/白双色；Ⓒ表示与用电设备元件连接的插接器；Ⓓ表示插接器的接线端子编号；Ⓔ表示继电器盒；Ⓕ表示接线盒；Ⓖ表示与电路图相关的其他系统；Ⓗ表示配线与配线之间的插接器；Ⓘ当不同规格型号连接时，用"()"中内容表示不同的配线和插接器；Ⓙ表示屏蔽的配线；Ⓚ表示搭铁点位置。

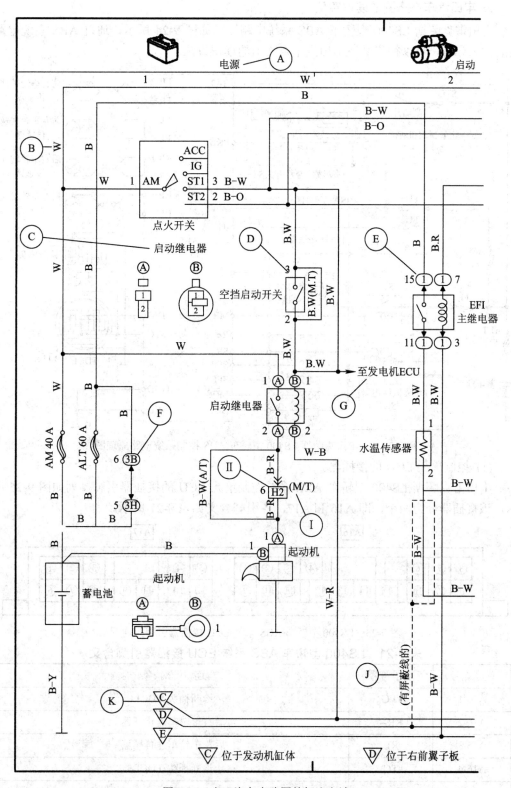

图 9-23　丰田汽车电路图的标注方法

5. 丰田汽车电路图的读识实例

丰田雷克萨斯 LS400 型轿车 ABS 系统电路原理如图 9-24 所示，通过 ABS 系统电路图的读识分析，可以初步掌握丰田汽车电路图的读识方法。

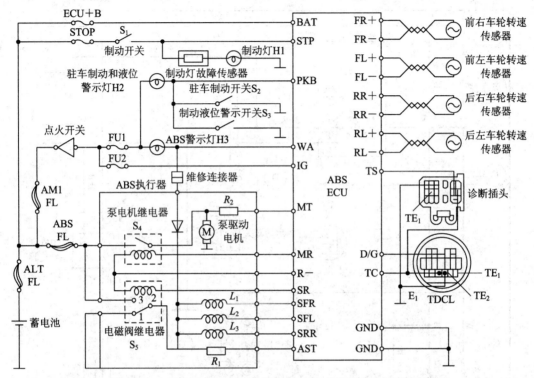

图 9-24　丰田雷克萨斯 LS400 型轿车 ABS 控制系统电路原理图

(1) 控制单元 ECU 的接插器。

丰田雷克萨斯 LS400 型轿车 ABS 系统控制单元 ECU 的接插器引脚排列如图 9-25 所示，该接插器分为两个，即 A16 和 A17，各引脚含义如表 9-21 所示。

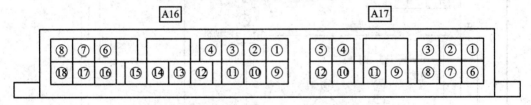

图 9-25　LS400 型轿车 ABS 系统 ECU 接插器引脚排列图

表 9-21　LS400 型轿车 ABS 系统 ECU 接插器引脚含义

端子编号	端子符号	连 接 对 象
A16-1	D/G	诊断插头 TDCL
A16-2	RR−	后右车轮车速传感器
A16-3	RL	后左车轮车速传感器
A16-4	TC	诊断插头 TDCL
A16-5	GND	搭铁

续表

端子编号	端子符号	连 接 对 象
A16-6	BAT	备用电源
A16-7	IG	电源
A16-8	SFL	液压控制单元中控制前左轮三位三通电磁阀的线圈
A16-9	RR+	后右车轮车速传感器
A16-10	R-	继电器搭铁
A16-11	RL+	后左车轮车速传感器
A16-12	FR-	前右车轮车速传感器
A16-13	FR+	前右车轮车速传感器
A16-14	FL-	前左车轮车速传感器
A16-15	FL+	前左车轮车速传感器
A16-16	GND	搭铁
A16-18	—	
A16-18	—	
A17-1	SFR	液压控制单元中控制前右轮三位三通电磁阀的线圈
A17-2	WA	ABS 警告灯
A17-3	STP	停车灯开关
A17-4	—	—
A17-5	PKB	驻车灯开关
A17-6	SRR	液压控制单元中控制后轮三位三通电磁阀的线圈
A17-7	—	—
A17-8	MT	回油泵电机继电器监控
A17-9	SR	液压单元继电器线圈
A17-10	MR	回油泵电机继电器
A17-11	TS	诊断插头
A17-12	AST	监控电磁阀继电器

(2) 电源电路。

① 供电电源：ABS 系统 ECU 的 IG(A16-7)脚为供电输入及检测端，该脚的电压受点火开关控制，且经过熔断丝；当输入电压低于 9.5 V 或者高于 17 V 时，自诊断系统就进入电源欠压或过压保护状态，并产生故障码 41，同时点亮 ABS 警告灯。

② ABS 系统 ECU 的 BAT(A16-6)脚为备用电源输入端，该脚电压由蓄电池正极经 ALTFL 熔断丝、ECU+B 熔断丝等电路保护元件后输入，只作为 ABS 系统 ECU 自诊断系统故障代码存储器信息保持的电源，只要不拔下 ECU+B 熔断丝或蓄电池的负极接线，BAT 引脚就保持通电状态，故障代码就会保存下来。

(3) 电磁阀继电器电路。

① 电磁阀继电器工作原理。三位三通电磁阀继电器的电磁线圈一端与 ECU 的 R-(A16-10)脚相连接，然后在 ECU 内部搭铁；另一端与 SR(A19-9)脚相连接。当接通点火开关后，ABS 系统 ECU 的 SR 端就会有电流输出，该电流流过电磁继电器线圈后经 R- 搭铁，电磁继电器线圈产生吸力使其内的 2、3 触点闭合，给 3 个三位三通电磁阀的线圈 L_1、L_2、L_3 供电。

② 故障监控原理。在 ABS 系统正常工作时，电源经电磁继电器给线圈 L_1、L_2、L_3 供电的同时，再经电阻 R_1 给 AST(A17-12)脚供电，作为检测信号。在 ABS 系统工作时，ABS 系统 ECU 的自诊断系统经 AST 监测 ABS 液压单元电磁阀继电器的工作，当 ABS 系统 ECU 向液压单元电磁阀继电器 S_5 发送 ON(接通)信号时，若 ECU 监测到 AST 脚的电压为 0 V，就产生故障代码 11，说明电磁阀继电器有断路故障；若 ECU 监测到 AST 脚的电压为蓄电池电压，则产生故障代码 12，说明 ABS 液压单元电磁继电器有短路故障。另外，若自检过程中发现 ABS 控制电路中有故障，则 ABS 系统 ECU 会立即切断电磁继电器 S_5 线圈的电路，闭锁 ABS 的控制，使制动系统的工作情况与无 ABS 的系统工作情况相同。

(4) 三位三通电磁阀电路。

液压控制单元中有 3 个三位三通电磁阀，其电磁阀的线圈分别为 L_1、L_2、L_3，其中 L_1 线圈受控于 ABS 系统 ECU 的 SFR(A17-1)脚，L_2 线圈受控于 ABS 系统 ECU 的 SFL(A16-8)脚，L_3 线圈受控于 ABS 系统 ECU 的 SRR(A17-6)脚。当 ABS 正常工作时，ABS 系统 ECU 输出不同信号，对电磁阀线圈的电流强度进行控制，从而改变滑阀的位置和制动液的通道，实现对车轮制动器的增压、保压、降压的调节，防止车轮抱死。

(5) 回流泵电机及继电器电路。

回流泵电机继电器 S_4 线圈的一端接 ABS 系统 ECU 的 R-(A16-10)端，另一端接 MR(A17-10)脚。当 ABS 系统的制动压力调节进入降压阶段时，ECU 经 MR 脚接通回流泵电机继电器线圈电流的通路，使继电器内的触点闭合，于是，蓄电池正极输出的电流，经 ALT PL 和 ABS FL 熔断丝、回流泵电机继电器的触点后分成两路：第一路流经泵驱动电机后搭铁，使泵驱动电机运转；第二路流经降压电阻 R_2，作为检测信号加到 ABS 系统 ECU 的 MT(A17-8)脚，当自诊断系统经 MT 端检测到回流泵电机继电器电路出现故障时，ABS 系统 ECU 内的安全保护功能起动工作，切断回流泵电机继电器 S_4 线圈的电流通路，闭锁 ABS 控制系统，从而达到了自动保护的目的。

(6) 车轮转速传感器电路。

车轮转速传感器共有四条电路，将检测到的车轮的旋转速度传输给 ABS 系统 ECU，四个车轮转速电路分别是：① 前左车轮速度传感器分别与 ABS 系统 ECU 的 FL+ (A16-15) 和 FL- (A16-14)脚相连接；② 前右车轮速度传感器分别与 ABS 系统 ECU 的 FR+ (A16-13) 和 FR- (A16-12)脚相连接；③ 后左车轮速度传感器分别与 ABS 系统 ECU 的 RL+ (A16-11) 和 RL- (A16-3)脚相连接；④ 后右车轮速度传感器分别与 ABS 系统 ECU 的 RR+ (A16-9) 和 RR- (A16-2)脚相连接。

(7) 制动灯开关电路。

制动灯开关 S_1 一端通过 STOP 熔断丝与蓄电池正极相连，另一端与 ECU 的 STP(A17-3)脚相连。当踩下制动踏板时，制动开关 S_1 接通，蓄电池经过 ALT FL 和 STOP 电路保护装置、制动灯开关 S₁ 后分成两路：第一路经制动灯故障传感器、制动灯 H1 后搭铁至蓄电池负极，使制动灯 H1 点亮；另一路经 STP 端进入 ABS 系统 ECU 内，作为制动踏板是踩下还是放开的检测信号。

(8) 驻车制动开关电路。

蓄电池正极 ALT FL 和 AM1 FL 电路保护装置、点火开关、保险丝 FU1、驻车制动和液位警示灯 H2 后分为三路：第一路经驻车制动开关 S₂ 后接地，当手制动拉起时，驻车制动开关 S₂ 闭合，驻车制动和液位警示灯 H2 点亮；第二路经制动液位警示开关 S₃ 后接地，第三路为接 ABS 系统 ECU 的 PKB(A17-5)脚，当制动液不足时，制动液位警示开关 S₃ 闭合，并发出故障警报。

(9) ABS 警告灯。

ABS 警告灯 H3 一端通过熔断丝 FU1、点火开关、AM1 FL 易熔线、ALT FL 易熔线与蓄电池正极相连，H3 的另一端与 ABS 系统 ECU 的 WA(A17-2)脚相连。ABS 防抱死制动系统工作时，其自诊断系统监视各传感器和执行器的工作情况，若有故障发生时，一方面从 WA 脚输出低电平，使 ABS 警告灯点亮；同时闭锁 ABS 控制作用，并将故障代码存入存储器中。

(10) 诊断插头。

ABS 诊断插头连接在 ABS 系统 ECU 的 TS(A17-11)、D/G(A16-1)和 TC(A16-4)脚上，用于故障代码的读取。

思考与练习

一、填空题

1. 汽车电路根据各自的功能不同，一般可分为电源电路、搭铁电路、＿＿＿＿＿＿和＿＿＿＿＿＿等。

2. 电源电路主要为汽车用电设备提供电源，可分为＿＿＿＿＿和＿＿＿＿＿两种情况。

3. 汽车电路图是利用导线将各电气部件的图形符号连接在一起的关系图，主要用于表达各电气系统的工作原理及用电设备之间的连接关系，可分为＿＿＿＿＿、＿＿＿＿＿、定位图和线束图等。

4. 汽车用导线分低压导线和高压导线两种,低压导线又分为＿＿＿＿＿、＿＿＿＿＿、起动电缆和蓄电池搭铁电缆等，高压导线分为＿＿＿＿＿和＿＿＿＿＿两种。

5. 起动线的标称截面积有 25 mm²、35 mm²、50 mm²、70 mm² 等几种规格，允许电流可达＿＿＿＿＿A。为了保证确保起动机起正常起动，要求起动线路上流过 100 A 的电流时，产生的电压降不得超过＿＿＿＿＿V。

6. 蓄电池搭铁电缆是由铜丝编织而成的扁形软铜线，常见的蓄电池搭铁电缆长度有＿＿＿＿＿mm、＿＿＿＿＿mm、＿＿＿＿＿mm、＿＿＿＿＿mm 等四种。

7. 在汽车上经常使用的接头有＿＿＿＿＿、＿＿＿＿＿、＿＿＿＿＿和眼孔式接头等。

8. 插片式熔断器不论额定电流大小如何，其外形尺寸都一样，其额定电流大小可以从颜色上进行判别，如额定电流为 15 A，颜色为_____，额定电流为 20 A，颜色为_____，额定电流为 25 A，颜色为_____，额定电流为 30 A，颜色为_____。

9. 汽车电路的基本元有_____、_____、_____、_____、_____。

10. 为了保证一定的机械强度，一般低压导线的截面积不小于_____mm^2。

11. 电路保护装置串联在电源和用电设备之间，当用电设备或线路发生_____时，切断电路，以免电源、用电设备或线路损坏。

12. 在大众汽车电路中，直接接到电源的线，标为_____号线。

13. 在大众汽车电路中，直接搭铁的线，标为_____号线。

14. 在大众汽车电路中，通过点火开关控制的电源线，标为_____号线。

15. 点火开关在电路图中的表示方法有_____、_____和图形符号表示法等。

16. 汽车电气中所使用的继电器类型比较多，按照工作类型不同，可分为_____、_____和混合型三种。

二、选择题

1. 在汽车电路中，应用大量的(　　)来控制电路的导通和截止。
A. 继电器　　　　B. 断电器　　　　C. 熔断器　　　　D. 插接器

2. 下列(　　)是汽车的电脑。
A. ABS　　　　B. ECU　　　　C. TRC　　　　D. ATM

3. 普通熔电器流过的电流为(　　)额定值时不熔断。
A. 100%　　　　B. 125%　　　　C. 110%　　　　D. 135%

4. 通常汽车车用蓄电池的额定电压为(　　)。
A. 6 V　　　　B. 12 V　　　　C. 18 V　　　　D. 24 V

5. 汽车电路图上每条导线都标注有导线颜色，颜色标记以字母表示，对应关系如下，正确的是(　　)。
A. ws = 白色　　　　B. ws = 黑色　　　　C. sw = 白色　　　　D. ro = 绿色

6. 同一辆汽车的电路有多种表达形式，一般有线路图、原理图和(　　)。
A. 线束图　　　　B. 电线图　　　　C. 扇形图　　　　D. 电路图

7. 导线的截面积以数字方式表示在导线上方，单位是(　　)。
A. mm^2　　　　B. cm　　　　C. m^2　　　　D. 其他

8. 以下不属于电路中的电路保护装置的有(　　)。
A. 调节器　　　　B. 断电器　　　　C. 熔断器　　　　D. 保险丝

9. 导线的截面积主要取决于(　　)。
A. 用电设备的工作电流　　　　B. 用电设备的内阻
C. 导线的机械强度　　　　D. 导线的材料

三、判别题(对的打"√"，错的打"×")

1. 在蓄电池正常的情况下，均有规定电压的电源线称为常电源。(　　)

2. 用来控制汽车用电设备能否正常工作的线路称为控制电路，在控制电路中含有如开关或继电器等控制器件。(　　)

3. 给电子控制单元 ECU 输送信息的电路称为控制信号电路。（　　）

4. 汽车电气系统中规定导线截面积不得小于 0.5 mm^2，是基于导线机械强度的要求。（　　）

5. 一般车用导线的截面积主要根据用电设备的工作电流大小进行选择。（　　）

6. 汽车的低压导线采用单股线。（　　）

7. 所有的汽车都采用正极搭铁。（　　）

8. 因为汽车所有的用电器都接到蓄电池，所以汽车电路中只有一个电源。（　　）

9. 汽车的低压导线采用多股线。（　　）

10. 电路图上开关的工作状态是无电状态。（　　）

11. 电路图上继电器的工作状态是无电状态。（　　）

12. 熔断器烧断后，可换上稍大电流的熔断器。（　　）

13. 熔断器是一次性的产品，损坏后不能修理，只能更换。（　　）

14. 高压导线输送电压很高、电流很小，故高压导线的绝缘包层很厚，耐压性很高，但线芯截面积很小。（　　）

15. 打开点火开关的 ACC 档，此时全车通电，收音机、车灯等可以正常工作，但是不能使用空调。（　　）

16. 打开点火开关的 ON 档，除了起动机，其余的基础设备都可以正常工作。（　　）

17. 当智能钥匙在车内时，按下进入和起动系统按钮就能实现起动发动机。（　　）

四、简答题

1. 汽车原理图有哪些特点？

2. 大众汽车电路图的布局有哪些特点？

3. 汽车电路保护装置有哪些？各起什么作用？

参 考 文 献

[1]   冉德刚. 汽车电器维修实训[M]. 北京：北京理工大学出版社，2015.

[2]   熊新. 汽车电器设备与维修技术[M]. 长沙：中南大学出版社，2016.

[3]   刘军. 汽车电器设备构造与检修[M]. 重庆：重庆大学出版社，2015.

[4]   杜弘，等. 汽车电器及电子设备检修[M]. 北京：北京理工大学出版社，2014.

[5]   贺民. 汽车电器维修理实一体化教程[M]. 北京：北京理工大学出版社，2017.

[6]   舒华，姚国平. 汽车电器设备与维修[M]. 北京：北京理工大学出版社，2012.

[7]   娄云. 汽车电器[M]. 北京：机械工业出版社，2004.

[8]   刘映霞. 汽车电器电路系统检测与维修[M]. 重庆：重庆大学出版社，2012.

[9]   舒华，姚国平. 汽车电器设备与维修[M]. 北京：北京理工大学出版社，2005.

[10]   杨生辉，等. 汽车电器与电子技术[M]. 北京：国防工业出版社，2004.

[11]   陶阳. 汽车车身电器检修[M]. 杭州：浙江大学出版社，2016.

[12]   董宏国. 汽车电路分析[M]. 北京：北京理工大学出版社，2013.

[13]   刘建民，刘扬. 怎样读懂汽车电路图[M]. 北京：机械工业出版社，2011.

[14]   娄云. 汽车电路分析[M]. 北京：机械工业出版社，2005.

[15]   周泳敏，朱洪波. 汽车电路图识读指南[M]. 北京：机械工业出版社，2004.